名师讲科技前沿系列

图解
粉体和纳米材料

TUJIE
FENTI HE
NAMI CAILIAO

田民波　编著

U0228936

化学工业出版社

·北京·

《图解粉体和纳米材料》是"名师讲科技前沿系列"中的一本，内容包括粉体及其性质、粉体参数如何测量、粉体的制备与操作、粉体的应用、纳米材料和纳米技术、碳纳米管和石墨烯、纳米材料的应用 7 章。

针对入门者、应用者、研究开发者、决策者等多方面的需求，本书采用每章之下 "节节清"的论述方式，图文对照，并给出"本节重点"。力求做到深入浅出，通俗易懂；层次分明，思路清晰；内容丰富，重点突出；选材新颖，强调应用。使粉体和纳米材料的相关知识新起来、动起来、活起来。

本书可作为材料、机械、化工、物理、化学、能源、环境、建筑等专业学生参考书，对于相关行业的科技、工程技术人员，也有参考价值。

图书在版编目（CIP）数据

图解粉体和纳米材料 / 田民波编著.—北京：化学工业出版社，2019.3（2024.11重印）
（名师讲科技前沿系列）
ISBN 978-7-122-33611-8

Ⅰ．①图… Ⅱ．①田… Ⅲ．①粉体—纳米材料—图解 Ⅳ．①TB383-64

中国版本图书馆CIP数据核字（2018）第297595号

责任编辑：邢　涛
责任校对：边　涛　　　　　　　　装帧设计：王晓宇

出版发行：化学工业出版社（北京市东城区青年湖南街13号　邮政编码100011）
印　　装：北京建宏印刷有限公司
880mm×1230mm　1/32　印张 8½　字数220千字　2024年11月北京第1版第6次印刷

购书咨询：010-64518888　售后服务：010-64518899
网　　址：http://www.cip.com.cn
凡购买本书，如有缺损质量问题，本社销售中心负责调换。

定　　价：49.00元

前　言

　　粉体，是指微小颗粒物的集合体，即颗粒群；而粉体材料一般是指保留原固体键合状态的小尺寸颗粒的松散集合体。

　　一提到"粉体"，人们按先后次序举出的例子往往是白糖、食盐、胡椒粉、味素、奶粉、速溶咖啡、药粉、洗衣粉、化妆粉等，但对于大多数人来说，能举出 20 种以上也并非容易，说明在日常生活中，身边的粉体似乎并不很多。但实际上，虽然目不见"粉"，但与"粉"密切相关的产品却早已进入我们的日常生活。从平板电视等家电制品，到计算机、手机、汽车等，如果随所用材料及制作工艺去寻找，可以说无一不与粉体相关。

　　例如，荧光灯管玻璃内壁上所涂的，便是受紫外线（汞蒸气的发光）照射而发可见光的荧光粉；录像带等视频记录介质所涂覆的就是以 γ-Fe_2O_3 为首的磁性体粉；复印机复印文字图像采用的是炭粉；TFT LCD 两块玻璃板间放置的是隔离子；锂离子电池正极采用的是层状氧化物粉，负极采用的是石墨粉；汽车车身用的涂料中，底层加入提高附着力的粉，中层加入防划伤的粉，上层加入增加美观效果的颜料粉；防紫外线化妆品中加入的是 TiO_2 粉；礼花弹中的爆发剂、燃烧剂、发光剂、发色剂都采用了各种各样的粉体。

　　另外，尽管最终产品并非粉体，但许多制作过程却离不了粉体。例如，无论是金属冶炼、陶瓷烧结、玻璃熔凝，还是塑料成型，都要从粉体入手。有些材料，例如难熔金属都是由粉体直接做出的。电容器、半导体器件、压电元件等电子器件等采用的是由"精细粉"制作的精细陶瓷（或称先进陶瓷、高技术陶瓷）。这些都是通过粉碎、配料、混料、成形、固化、烧结等工序，充分利用粉体的功能而创造出来的。

　　进一步，还有保证宇航员安全返回的超耐热瓦，高温超导材料，生物技术和医疗领域等也都离不开粉体。近年来发展火热的纳米材料也属于粉体材料之列。

　　纳米材料可定义为在三维空间中至少有一维处于纳米尺度范围（1 ~ 100nm）或由它们作为基本单元而构成的材料。纳米材料的制备，无论采用从上至下（top down），还是从下至上（bottom up）的方式，都是在粉体中做文章。纳米材料的性能、功能、效能都是粉体材料基础之上发挥出来的。

　　鉴于粉体与纳米材料存在和应用的广泛性与复杂性，有关粉体的知识和技术是多方面的，包括颗粒的自然属性、测量技术、力学特性、运动特性、聚集特性、处理技术、形成和制备技术。

　　《图解粉体和纳米材料》是"名师讲科技前沿系列"中的一本，本书内容包括粉体及其性质、粉体参数如何测量、粉体的制备与操作、粉体的应用、纳米材料和纳米技术、碳纳米管和石墨烯、纳米材料的应用等 7 章。

本书采用图文并茂的形式，集趣味性、实用性与理论性为一体，内容涉猎广泛，思维跨度大，将把读者的思维和视野带向一个更为广阔的世界。

通过对本书的学习，理解和掌握粉体与纳米材料的基本概念、基本理论、基础知识，以及有关粉体制备与处理的原理、工艺、流程及装备技术，了解粉体加工设备的工作原理、特性参数与性能使用等知识，培养读者发现问题、分析问题、解决问题和预测问题的能力，激发读者的科研和实践的创新意识和能力，为今后从事与粉体与纳米材料相关的工作打下基础，为培养高级应用型工程技术人才创造必要条件。

本书可作为微电子、材料、物理、化学、计算机、精密仪器等行业人员的专业读物。

本书得到清华大学本科教材立项资助并受到清华大学材料学院的全力支持，在此致谢。作者水平和知识面有限，不妥之处在所难免，恳请读者批评指正。

田民波

目　录

第 1 章　粉体及其性质

第2章　粉体参数如何测量

第3章　粉体的制备与操作

书角茶桌

第4章　粉体的应用

书角茶桌

第5章　纳米材料和纳米技术

第6章 碳纳米管和石墨烯

第7章　纳米材料的应用

第 1 章

粉体及其性质

1.1 粉体及其特殊性能（1）
——小粒径和高比表面积
1.1.1 常见粉体的尺寸和大小

表示固体大小的单位，一般用米（m）或毫米（mm）；表示分子大小的单位，一般用埃（Å；$1Å=10^{-1}nm=10^{-10}m$）。粉体既可以由固体粉碎变细得到，又可以由分子集聚变大得到。因此，表示粉体大小的单位，一般用微米（μm；$1μm=10^{-6}m$）或纳米（nm；$1nm=10^{-9}m$）。那么，所谓微米或纳米的单位到底有多大呢？

若将谷物用石碾或石磨等粉碎，会得到 10~100μm 的粉末。用两个手指一捏，有颗粒状和非光滑之感。再进一步用非常高性能的粉碎机粉碎，则颗粒感消失，代之以明显的光滑感。粗略地讲，按人对粉体的感觉而言，在 10μm 左右有明显的变化。

细菌的大小一般在 1μm 左右。所谓除菌过滤所采用的就是孔径 0.2μm 的细孔径过滤膜。病毒也是小生物的代名词。艾滋病毒的尺寸为 0.1μm，属于相当大的病毒。有些种类的病毒尺寸只有 10nm。DNA 分子的尺寸大约为 1nm。一个水分子的大小只有 0.35nm。

在金属超微粒子领域，原子数从几个到 100 个左右的集合体称为原子团簇。这种数目的原子集合体中，由于电子运动与普通固体中的具有很大差异，从而会表现出许多新的电磁特性。

近年来，采用化学方法制备金属及精细陶瓷微细粒子的开发极为活跃。在此领域，特别将 0.1μm 以下的粒子称为超微（纳米）粒子。而且，在微小粒子的捕集技术及计测等领域，将 0.1 ～ 1μm 范围的粒子称为亚微米粒子。

本节重点
(1) 粉体尺寸分布在块体（1μm）和分子（1nm）间的微米至纳米范围内。
(2) 各种各样物质的大小范围。
(3) 粉体性能随尺寸变化的一般规律。

各种各样物质的大小

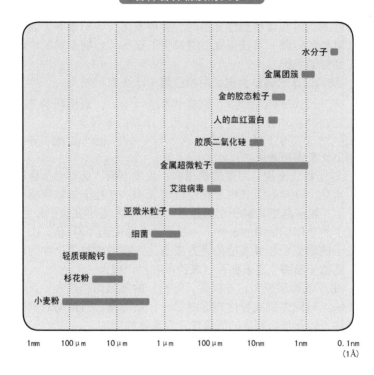

水分子
金属团簇
金的胶态粒子
人的血红蛋白
胶质二氧化硅
金属超微粒子
艾滋病毒
亚微米粒子
细菌
轻质碳酸钙
杉花粉
小麦粉

1mm　100μm　10μm　1μm　100μm　10nm　1nm　0.1nm (1Å)

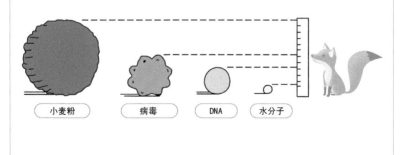

小麦粉　病毒　DNA　水分子

1.1.2　粉粒越小比表面积越大

　　朋友相聚咖啡浓郁的芳香烘托出优雅的氛围。将烘烤好的咖啡豆放入咖啡机中，用手摇动摇把，发出"咯啦咯啦"的响声。将磨好的咖啡粉转移到过滤器时，会散发出芳醇的香味。通过调整咖啡机的间隙，可获得绵白糖那样的细粉，沙糖那样的中粉和雪花那样的粗粉。

　　我们以球状物体为例说明粉粒越小比表面积越大。

　　若一个球的半径为 r，则其体积为 $\frac{4}{3}\pi r^3$，**表面积为** $4\pi r^2$，当把它按体积均分为两份后，这两个小球的半径为 $\sqrt[3]{2}\ r$，于是它们的总表面积为 $4\pi(\sqrt[3]{2}\ r)^2 \times 2 > 4\pi r^2$。依此类推，可知粉**粒越小比表面积越大**。

　　对于粉体来说，即使质量相同，粒度不同，必然会引起表面积的变化。注意右页表中三种粒径的粉体，在粒子总体积相同的条件下，**粒子越细则粒子个数越多**。若粒子的大小变为十分之一，在粒子的总体积相同的条件下，粒子的个数变为 1000 倍。由于一个粒子的表面积与其直径的平方成正比，在考虑粒子个数的前提下，则粒子越细，总表面积（表的最右栏）越大。

　　由于表面积越大，与媒质（溶剂）的接触面积越大，反应速度越快。将固体制成粉体的理由之一，是伴随着粉体化的表面积的增加，以及与之相伴的反应性、溶解性的增加。

本节重点

（1）求相同体积做成不同半径圆球的个数与半径的关系。
（2）粉粒越小比表面积越大。
（3）粉体粒度越细与媒质的接触面积越大。

粒子的大小与其总体积、总表面积的关系

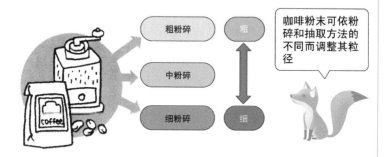

粗粉碎

中粉碎

细粉碎

粗

细

咖啡粉末可依粉碎和抽取方法的不同而调整其粒径

粒子直径 /μm	个数	总体积 /m³	总表面积 /m²
1000	1	5.2×10^{-10}	3.1×10^{-6}
100	1000	5.2×10^{-10}	3.1×10^{-5}
10	1000000	5.2×10^{-10}	3.1×10^{-4}

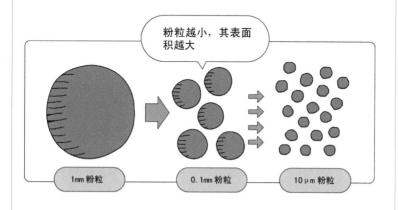

粉粒越小，其表面积越大

1mm 粉粒

0.1mm 粉粒

10μm 粉粒

1.1.3 涂料粒子使光（色）漫反射的原理

　　散射是由于介质中存在的微小粒子（异质体）或者分子对光的作用，使光束偏离原来的传播方向而向四周传播的现象。我们看到天空是蔚蓝色就是空气对阳光散射的结果。在光通过各种浑浊介质时，有一部分光会向四方散射，沿原来的入射或折射方向传播的光束减弱了，即使不迎着入射光束的方向，人们也能够清楚地看到这些介质散射的光，这种现象就是光的漫散射。

　　涂料粒子使光散射的原理如图所示。光线照到涂料粒子上，部分反射，部分折射进入粒子内，再经反射和折射射出粒子，这时原本平行的光线会向四面八方发散，也就形成了涂料粒子的漫反射。

　　为什么冰是透明的而雪是白色的？我们都知道，冰是单晶体，单晶内部结构呈规律性，因而单晶体的透光性好，所以冰是透明的。而雪是多晶，多晶由很多小的晶粒组成，也就是存在很多晶界，在晶界上光有折射也有反射。由于大量晶界的存在，光很难透射，几乎全部被漫反射，从而呈现白色。

　　但是，为什么南极的冰实际上是白色而非透明的？这可能与南极特殊的地理位置相关。降于南极的雪即使在夏天也几乎不会融化。到次年冬季又会在旧雪上积层新雪。在所积的雪层中，会存在空气的间隙。长年积累，所积雪的下方承受上方的重力载荷，在压力作用下雪变为冰。这样，雪的间隙中存在的空气难以向外逃逸，并以微细泡粒的形式封闭于冰中。这种泡粒使光发生散射致使形成不透明的冰。由此似乎可以推断，16万年前所积雪（冰）中的泡粒，就是由16万年前的大气封入的。

本节重点
(1) 金属不透明与普通陶瓷不透明的原因是否相同。
(2) 说明玻璃透明而普通陶瓷不透明的原因。
(3) 雪之所以是白的是由于其微粒对3色（红、绿、蓝）光全散射所致。

同样源于水，为什么冰是透明的，而雪是白色的呢？

涂料粒子使光（色）散射的原理图

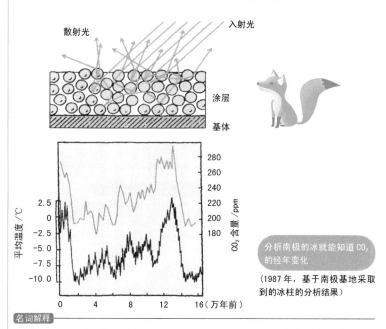

散射光

入射光

涂层

基体

280
260
240
220
200
180

平均温度 /℃

2.5
0
-2.5
-5.0
-7.5
-10.0

CO₂ 含量 /ppm

0   4   8   12   16（万年前）

分析南极的冰就能知道 CO_2 的经年变化

（1987 年，基于南极基地采取到的冰柱的分析结果）

名词解释

三原色：称红绿蓝（紫）为光的三原色。CRT、PDP、TFT LCD 等显示器都通过三原色的混合实现彩色显示。例如，红光与绿光混合变为黄光，相同强度的三色光混合变为白光。特别指出，绘画中的三原色为红（红紫）、蓝、黄，使三色混合变为黑。

1.1.4 粉碎成粉体后成形加工变得容易

物料粉体化具有重要意义。第一，它可以加快反应速度，提高均化混合效率。这是因为粉体的比表面积大，反应物之间接触充分。第二，它可以提高流动性能，即在少许外力的作用下呈现出固体所不具备的流动性和变形性，改善物料的性能。第三，它可以剔除分离某些无用成分，便于除杂。第四，超细粉体化可以改变材料的结构及性质。

透光性陶瓷就是一个好的例子。**透明陶瓷的制备过程包括制粉、成型、烧结和机械加工。**其中对原料粉有四个要求：①具有较高的纯度和分散性；②具有较高的烧结活性；③颗粒比较均匀并呈球形；④不能团聚，随时间推移也不会出现新相。正是由于这些粉体的优良性能，才使得透明陶瓷具有较好的透光性和耐腐蚀性，能在高温高压下工作，强度高、介电性能优良、电导率低、热导性高等优点。因而它逐渐在光学、特种仪器制造、无线电技术及高温处理等领域获得日益广泛的应用。

材料的成分、结构和组织、合成与加工、功能或性能价格比称为材料科学与工程四要素，上述四个要素的关系可由表征其间关系的材料科学与工程四面体来表示。任何材料都可以用材料科学与工程四面体为"量具"，进行分析和比较。读者可以针对日常生活中常见的陶和瓷加以分析和比较。

总之，在材料的开发和研究中，材料的性能主要由材料的组成和显微结构决定。显微结构，尤其是无机非金属材料在烧结过程中所形成的显微结构，在很大程度上由所采用原料的粉体的特性所决定。根据粉体的特性有目的地对生产所用原料进行粉体的制备和粉体性能的调控、处理，是获得性能优良的材料的手段之一。

本节重点

（1）物料粉体化在陶瓷生产中的意义。

（2）举出透明陶瓷应用实例，为了制作透明陶瓷应采取哪些措施。

（3）利用"材料科学与工程四面体"解释陶和瓷的差异。

粉碎成粉体之后，成形加工变得简单

成形太难！

将其粉碎制成粉体

这样就可以方便地形成所需的形状！

与水混合成胶黏土

透光性陶瓷的透光原理

在主要原料黏土中混入预先粉碎好的石英及长石粉末，再混合成胶黏土

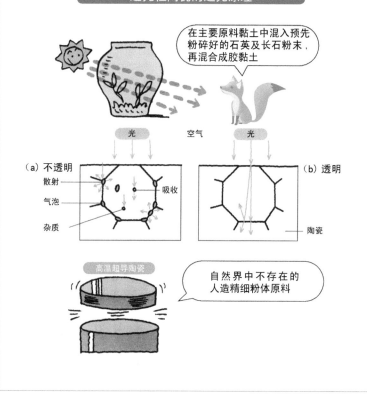

光　　　空气　　　光

（a）不透明　　　　　　　　　　　　　　　（b）透明

散射
气泡
杂质
吸收

陶瓷

高温超导陶瓷

自然界中不存在的人造精细粉体原料

1.2 粉体及其特殊性能（2）——高分散性和易流动性

1.2.1 粉体的流动化

在水中吹气会产生气泡。那么，在沙层中吹入气体会发生什么现象呢？

将沙子盛放在一个隔板上布置有大量微孔的容器中，微孔的直径小到不致使沙子掉落的程度，在隔板的下方流入气体。当气体速度小时，沙层多少有些膨胀，但沙子几乎不动。但是，当速度超过某一确定值时，便产生气泡，此时沙子开始激烈运动，恰似水沸腾那样。因此，刚放入容器的沙子如同海岸沙滩那样，人可以在上面闲庭信步，但**流动化**的沙层（**流动层**）会变为液体那样的状态，其上的步行者就会沉没于沙层中。

如图中曲线所示，由沙层所引起的气体压力损失，直到沙层流动前与气体速度呈直线关系增加，但流动开始后几乎不再变化，这说明粒子的运动几乎与液体处于相同的状态。

粉体流动化的好处是，如同液体那样的粒子可以被均匀地混合，粒子与气体间的接触效率很高。这样，流动层内的固－气反应特性及传热特性变得极好。

具有这种特性的流动层，作为固－气接触反应装置已经在各种化学反应中成功应用。例如，在重质油的流动接触分解制取汽油，药品及食品制造，煤炭气化，以及火力发电站应用为主的煤燃烧等领域都已成功应用。特别是最近，作为垃圾及废弃物的燃烧装置，上述流动层的利用已引起广泛关注。

本节重点

（1）图中曲线反映粉体流动化开始前后其性能发生什么变化？

（2）粉体的流动化可以在垃圾及废弃物燃烧方面发挥积极作用。

粉体的流动化

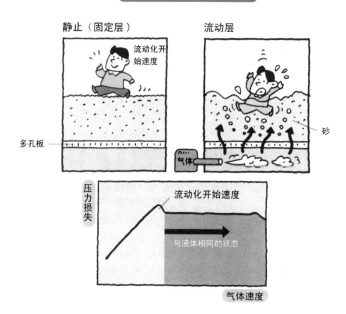

静止（固定层）　　　　　流动层

流动化开始速度

多孔板

气体

砂

压力损失

流动化开始速度

与液体相同的状态

气体速度

流动层造粒装置

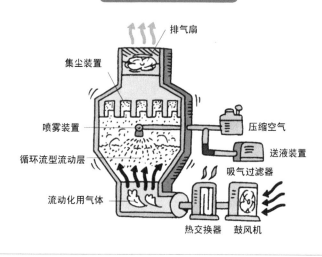

排气扇

集尘装置

喷雾装置

循环流型流动层

流动化用气体

压缩空气

送液装置

吸气过滤器

热交换器　鼓风机

1.2.2 粉体的流动模式

粉体的流动性主要与重力、空气阻力、颗粒间的相互作用力有关。颗粒间的相互作用力主要包括范德瓦耳斯力，毛细管引力，静电力等。粉体流动性的影响主要取决于粉体本身的特性，如粒度及粒度分布，粒子的形态，比表面积，空隙率与密度，流动性与充填性，吸湿性等。其次也与环境的温度，压力，湿度有关。

一般，用**休止角**评价粉体的流动性。一定量的粉体堆层，其自由斜面与水平面间形成的最大夹角称为休止角 θ，$\tan\theta = h/r$。θ 越小，粉体的流动性越好；$\theta \leqslant 40°$，流动性满足生产的需要；$\theta > 40°$，流动性不好。如淀粉 $\theta > 45°$，流动性差。粉体吸湿后，θ 提高。细粉率高，θ 便大。将粉体加入漏斗中，测定粉体全部流出所用的时间可以确定流出速度。粒子间的黏着力、范德瓦耳斯力等作用阻碍粒子的自由流动，影响粉体的流动性。

改善粉体流动性的措施有：①通过制粒，减少粒子间的接触，降低粒子之间的吸着力；②加入粗粉、改进粒子形状可改善粉体的流动性；③改进粒子的表面及形状；④在粉体中加入助流剂可改善粉体的流动性；⑤适当干燥可改善粉体的流动性。

如果仓内整个粉体层能大致均匀流出，则称为**整体流**；如果只有料仓中央部分流动，整体呈漏斗状，使料流顺序紊乱，甚至部分停滞不前，则称为**漏斗流**。

整体流导致"**先进先出**"，把装料时发生粒度分离的物料重新混合。整体流情况下不会发生管状穿孔；整体流均匀而平稳，仓内没有死角。但是需要陡峭的仓壁而增加了谷仓的高度，具有磨损性的物料沿着仓壁滑动，增加了对料仓的磨损。

漏斗流对仓壁磨损较小，但导致"**先进后出**"，使物料分离。大量死角的存在使料仓有效容积减少，有些物料在仓内停留，这对储存期内易发生变质的物料使极为不利的。而且，卸料速度极不稳定，易发生冲击流动。

本节重点

（1）何谓整体流？何谓漏斗流？各有什么优缺点？

（2）何谓休止角？其大小表示什么含义？

（3）改善粉体流动性的措施有哪些？

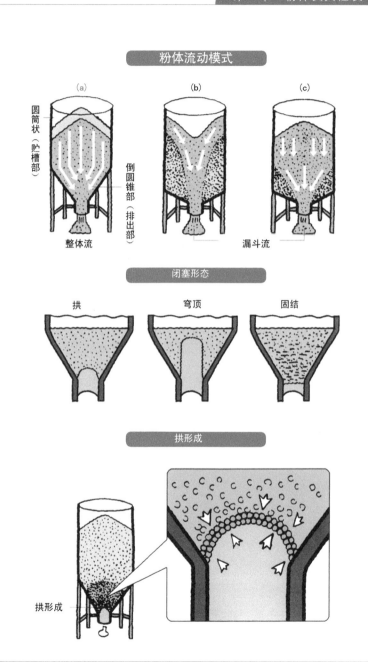

粉体流动模式

(a)

圆筒状（贮槽部）

倒圆锥部（排出部）

整体流

(b)

(c)

漏斗流

闭塞形态

拱　　　穿顶　　　固结

拱形成

拱形成

1.2.3 粉体的浮游性——靠空气浮起来输运

　　风吹沙尘漫天飞舞，这便是粒子的浮游性。这是由于空气存在黏性，受黏滞作用而处于静止状态的粒子被风吹动所致。风对粒子所作用的，即是使其在空气中飞舞的力。上述黏性，表现为对运动物体起制动作用的力，也作用于粒子上。人在强风中步行困难就是这种力的作用。

　　空气中自由存在的粒子受重力作用而沉降（落下）。这样，由于粒子与空气产生相对速度，因此粒子上会有力（黏性抵抗力）作用。对于小粒子的情况，这种力与速度（粒子与空气的相对速度）成正比而逐渐加大，不久便与重力相等，由此时开始，粒子做等速运动。此时的速度称为**等速沉降速度**。若受到风速更大的风的吹动，粒子就会飘舞起来。由于沉降速度与粒子直径的二次方成正比，随着粒子变小，浮游性增加。因此，由于微细化而产生的浮游性，在粉体工艺中几乎无处不在地被加以利用。例如，在近代的粉体工厂中，气流输送器应用十分普遍。以前只能靠带式运输机输运的大块矿石，只要磨成细粉，靠空气浮起，也能在管道中与空气一起，像液体那样流动，称为空气输送。

　　另外，图中所示为称作气动滑板的粉体技术的一种。即使粒子从倾斜板的上方流下，但由于粒子与板之间的摩擦，往往不能顺畅地流下。但是，若由粉体层下方向粉体层中吹入空气，使粒子浮起，则粉体会像液体那样流动。

本节重点

（1）浮游性由粒子的等速沉降速度决定。
（2）微粒子的沉降速度与粒子直径的二次方成正比。
（3）火山灰流动和雪崩也是基于浮游性的粉体现象。

等速沉降速度

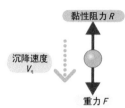

黏性阻力 R

沉降速度 V_t

重力 F

在 $R=F$ 下，等速沉降

此时的速度为 V_t，$V_t = \dfrac{(\rho_p - \rho_f)D^2}{18\mu} \times g$

● ρ_p，ρ_f 分别为粒子和气体的密度；
● D 为粒子直径；
● μ 为粒子直径；
● g 为重力加速度。

靠空气来输送粉体

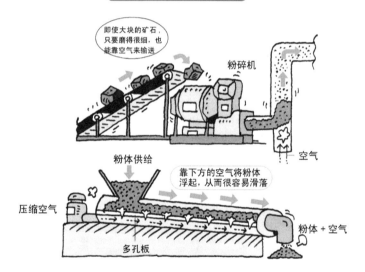

即使大块的矿石，只要磨得很细，也能靠空气来输送

粉碎机

空气

粉体供给

靠下方的空气将粉体浮起，从而很容易滑落

压缩空气

多孔板

粉体 + 空气

火山灰流的运动形态

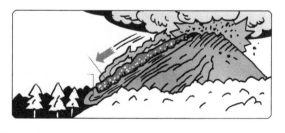

1.2.4　地震中因低级液态化而引起的灾害

饱和状态下的砂土或粉土受到振动时，孔隙水压力上升，土中的有效应力减小，土的抗剪强度降低。振动到一定程度时，土颗粒处于悬浮状态，土中有效应力完全消失，土的抗剪强度为零。土变成了可流动的水土混合物，此即为**液化**。这种振动多来自地震等因素。

地基的液化会造成冒水喷砂，地面下陷，使建筑物产生巨大沉降和严重倾斜，甚至失稳。还会引起喷水冒砂、淹没农田、淤塞渠道、淘空路基，有的地段会产生很多陷坑，河堤裂缝和滑移，桥梁的破坏等其他一系列震害。

饱和砂土或粉土液化除了地震的振动特性外，还取决于土的自身状态：①土达到饱和，即，要有水，且无良好的排水条件；②土要足够松散，即砂土或粉土的密实度不好；③土承受的静载大小，主要取决于可液化土层的埋深大小，埋深大，土层所受正压力大，有利于提高抗液化能力。此外，土颗粒大小，土中黏粒含量的大小，级配情况等也影响土的**抗液化能力**。

液态化的地基（变得如同泥水）在建筑物等的作用下，承受很大压力，因此会沿着地面的龟裂乘势喷出。这便是所谓喷沙、喷水现象。而且液态化地基还会产生侧向流动，有的甚至发生数米以上的横滑，从而造成建筑物破坏。

最容易发生液态化现象的是那些由粒径为 $0.1 \sim 1.0mm$ 沙粒构成的沙质地基，而由小石子及砾石等大尺寸粒子、黏土等微细粒子构成的地基相对而言不容易发生液态化，这可以供地基改良参考。另外，降低地下水位也是克服地基液态化的对策之一。

本节重点

(1) 指出地震时地基液化的原因。

(2) 地基液化会造成哪些影响？

(3) 从土自身考虑如何提高抗液化能力？

地震中因地基液态化而引发的灾害

一般地基的粒子构造

构成地基的土石粒子彼此接触且联结在一起，即使其间存在空隙，但处于稳定且牢固状态

地基液态化的机制

喷水、喷砂

龟裂

地表面

地下水

粒子配置

液态化前的地基

土粒子的配置
（变得七零八落）

地下水

地震波

液态化中的地基

1.3 粉体及其特殊性能（3）
——低熔点和高化学活性
1.3.1 颗粒做细，变得易燃、易于溶解

　　用火柴点火烧一个铁钉，铁钉不会起燃，但是如果将家庭洗碗常用的钢丝球靠近灶火，便会像烟火那样发出啪啪声响，并冒出火焰。在汽车轮毂制造等金属打磨车间，落在地面的废弃物中含有铁、铝、镁等金属的超微粒子，若使其在纯氧中流动，瞬间即可发生燃烧和爆炸。由粉体引发的爆燃事故屡有发生。但是，日常做饭的蒸锅和炒锅却安然无恙。其中的原因是，与块体材料相比，钢丝球和金属超微粒子的表面积要大得多。

　　切分物体会产生新的表面。进一步细微切分会产生越来越多的表面。因此，如果切分为超微粒子（小于 $1\mu m$ 的粒子），与块体时相比，表面积会有数量级的增加。化学反应一般在物体的表面进行，随着表面积增大，反应速度急速增加，进而使得铁等金属也会在空气中燃烧。

　　对于物质在水等溶剂中溶解的情况，藉由微粉化，使其与溶质的接触面积增加，也可以促使其在溶剂中的溶解速度大大增加。这对于难以溶解的药品来说是有益的。

　　在涉及粉体的学术、技术领域，作为表示表面积的参数，常使用称为比表面积的数值。比表面积定义为每单位体积（例如 $1m^3$），或每单位质量（例如 1kg）物质所具有的表面积。

　　比表面积随着粒子的大小按反比例增加。例如，对于相对密度为 1 的球形粒子，直径 1mm 的粒子的比表面积为 $6m^2/kg$，而 $1\mu m$ 的粒子的比表面积则为 $6000m^2/kg$，1g 粉体具有 $6m^2$ 的表面积。

本节重点
　　（1）微粉化会使表面积增大，活性增加。
　　（2）微粉化会使金属的熔点降低，更容易引燃。
　　（3）微粉化会使溶解速度及反应速度飞跃性提高。

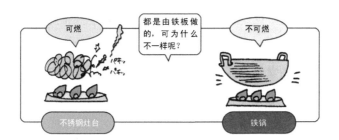

同样是铁……

可燃

都是由铁板做的，可为什么不一样呢？

不可燃

不锈钢灶台

铁锅

伴随着立方体的细切分，表面积不断增加

对边长为 1cm 的立方体进一步细切分

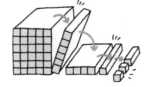

单个粒子的边长	粒子个数	全表面积
1cm	1 个	6cm²
1mm	1000 个	60cm²
0.1mm	100 万个	600cm²
0.01mm	10 亿个	6000cm²
1μm	1 万亿个	60000cm²
0.1μm	1000 万亿个	600000cm²

颗粒做细，变得易于溶解

不溶

为什么微细化的一方易溶解呢？

易溶

微细化

由于微细化从而使接触面积增加所致

1.3.2　礼花弹的构造及粉体材料在其中的应用

礼花弹外壳为纸质，内部装填有燃烧剂、助燃剂、发光剂与发色剂。燃放高空烟火时，发射药把礼花弹推射到空中，同时点燃礼花弹的导火索。

礼花弹飞到空中后，由黑火药制成的燃烧剂被导火索点燃，在剧烈燃烧之下生成大量气体（二氧化碳、二氧化氮等），造成体积急剧膨胀，炸裂礼花弹的外壳，把发光剂与发色剂抛射出去并将其引燃。

礼花弹材料若按功能进行分类，可分为氧化剂、可燃剂、效果剂以及结合（黏结）剂等。

①　氧化剂。为使烟花高效率燃烧，氧化剂必不可缺。现在主流使用硝酸钾、硝酸钡、过氯酸钾等。尽管作为火箭推进燃料的过氯酸铵也有使用，但使用不多。

②　可燃剂。可燃物质。自古多用木炭和硫黄，也使用铝等金属粉。

③效果剂。藉由氧化剂引起可燃剂燃烧，通过燃烧反应产生的热量可发生光、声、烟等的物质。由于发生色的效果很明显，也称其为"色火剂"。发红色的为碳酸锶；发黄色的为溴酸钠、碳酸钙；发蓝色的为氧化铜；发银色的为铝；发金色的为钛合金等。

④　结合（黏结）剂。将分散的粉体固化。多采用有机聚合物，有的也兼作可燃剂。

礼花弹中的装填物均为粉末状，表面积巨大，相邻的氧化剂和可燃物颗粒之间可充分接触。礼花弹被引燃后，装填物受到压缩，颗粒间接触更加紧密，化学反应得以剧烈发生。

本节重点

（1）简述礼花弹的结构。
（2）礼花弹材料按功能分类有氧化剂、可燃剂、效果剂和胶黏剂。
（3）礼花弹的强光和五颜六色的彩色是由哪些材料发出的？

礼花弹的构造

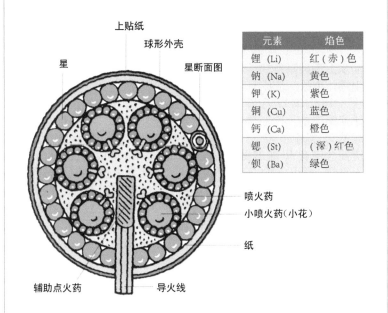

元素	焰色
锂（Li）	红（赤）色
钠（Na）	黄色
钾（K）	紫色
铜（Cu）	蓝色
钙（Ca）	橙色
锶（St）	（深）红色
钡（Ba）	绿色

上贴纸
球形外壳
星
星断面图
喷火药
小喷火药（小花）
纸
辅助点火药
导火线

1.3.3　小麦筒仓发生粉尘爆炸的瞬间

2014 年 8 月 2 日，苏州昆山中荣金属制品有限公司抛光二车向发生特重大铝粉尘爆炸事故，造成 75 人死亡，185 人受伤。

2015 年 6 月 27 日晚 8 点 40 分左右，台湾地区新北市八仙水上乐园举行的"彩虹聚会"（Color Play Asia）上发生粉尘爆炸事故，造成 500 余人受伤，15 人死亡。

1977 年 12 月 22 日，美国路易斯安那州，耸立在密西西比河沿岸的一个谷物储存筒仓发生粉尘爆炸，从提升塔中腾起的火球高达 30m，爆炸产生的冲击波传至 16km 以外。73 座筒仓中有 48 座遭受严重破坏。这起事故造成 36 人死亡，9 人受伤。两天之后，已经扑灭的大火又重新燃烧起来。据分析，是传送装置在抢险过程中因摩擦生热，再度引起现场谷物粉尘着火爆炸。可见即使是平日里司空见惯的面粉，也可能导致巨大的破坏，必须小心防范。

所谓爆炸，是在闭空间中，由于可燃物与空气的混合并激烈的燃烧，所造成急剧升温及产生高压的现象。小麦是可燃物，但在大的麦粒状态不会发生激烈的燃烧。但是，磨成粉之后由于表面积增大，燃烧速度会迅速增加进而引起爆炸。

粉尘爆炸发生的条件概述如下。随着可燃物微细化（大致 200μm 以下），表面积增大。它在空气中分散而浮游，变为粉尘。一旦分散的浮游粒子的浓度达到某一浓度范围（存在上限和下限），再遇到着火源，则爆炸瞬时发生。前述谷物储存筒仓发生的爆炸，就是因为在谷物的输送、仓储作业中，被磨碎的谷物片状微粒在筒仓中浮游所致。这种情况一旦超过着火能量，则会发生爆炸。**最小着火能量与粉尘粒子的大小基本上成正比。**

作为粉尘爆炸的对策，在爆炸的三个条件，即氧、可燃物浓度、着火能量中，至少有一个被抑制即可以防止爆炸。

本节重点
（1）何谓爆炸，小麦粉发生爆炸的原因？
（2）发生粉尘爆炸的条件有哪些，如何避免粉尘爆炸？

最小着火能量（MIE）与粒子直径的相关性
（以醋酸纤维素粒子为例）

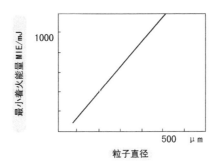

粒子直径

小麦粉筒仓发生粉尘爆炸的瞬间

1.3.4 电子复印装置（复印机）的工作原理

当一张需要复印的图像被放置在复印机的原稿台上时，在机内灯光照射下形成反射光，通过由反射镜和透镜组成的光学系统，聚焦成像。像正好投射在感光鼓上。感光鼓是一个圆鼓形结构的筒，表面覆有**硒光导体薄膜**（也有使用有机或陶瓷光导材料的感光鼓，统称为"**硒鼓**"）。光导体对光很敏感，没有光线时具有高电阻率，一遇光照，电阻率就急剧下降。开始复印之前，在**电晕装置**的作用下，光导体表面带有均匀的**静电荷**。当由图像的反射光形成的光像落在光导体表面上时，由于反射光有强有弱（因为原稿的图像有深有浅），使光导体的电阻率相应发生变化。光导体表面的静电电荷也随光线强弱程度而消失或部分消失，在光导体膜层上形成一个相应的**静电图像**，也称**静电潜像**。这时，与静电潜像上的电荷极性相反的显影墨粉被电场力吸引到光导体表面上去。潜像上吸附的墨粉量，随潜像上电荷的多少而增减。于是，在硒鼓的表面显现出有深浅层次的墨粉图像。当带有与潜像极性相同但电量更大的电荷的复印纸与墨粉图像接触时，在电场力的作用下，吸附有墨粉的硒鼓如同盖图章一样，将墨粉转移到复印纸上，在复印纸上形成相应的墨粉图像。再在**定影器**中经加压加热，墨粉中所含树脂融化，墨粉就被牢固地粘在纸上，图像和文字就在纸上复印出来了。

这里使用的墨粉，虽然主要成分是炭，但是和我们日常生活中见到的炭粉相比，复印用的墨粉颗粒更加细小，化学稳定性更高，因此具有极高的成像质量。而且，墨粉中的微小炭粒被包裹在树脂中形成直径 $5\sim20\mu m$ 的颗粒。树脂在定影器中受热融化后再度凝固，起到黏结的作用。

使墨粉带电的过程也很有讲究。以配合 p 型感光鼓使用的墨粉为例，其电荷通过与载体的摩擦得到。载体直径为 $30\sim100\mu m$，由铁氧体构成，并在表面覆有树脂涂层，防止墨粉在其上结块，以进行持续的摩擦起电。在机械作用下，载体和墨粉相互摩擦，从而使载体带有正电，墨粉带有负电。

本节重点

（1）说明复印机的工作原理。

（2）着色粉体（toner）是高性能复合粒子，其大小在 $10\mu m$ 左右。

电子复印装置（复印机）的原理图

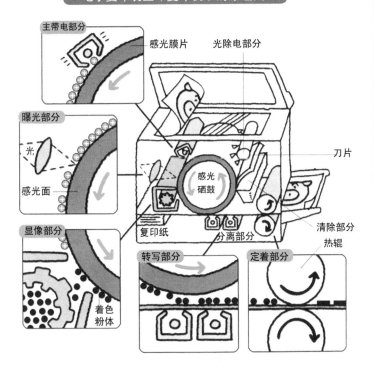

主带电部分

感光膜片　光除电部分

曝光部分

光

感光面

显像部分

复印纸

着色粉体

感光硒鼓

刀片

分离部分

清除部分
热辊

转写部分

定着部分

由合成法制作的着色粉体（toner）

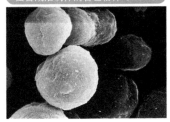

由粉碎法制作的着色粉体（toner）

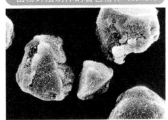

名词解释

电晕（corona）放电：在细金属丝上施加电压，在某一电压下会使空气绝缘被破坏（击穿放电），而发生电离的现象。电晕放电伴有特定颜色的微发光。

-25-

1.3.5 臭氧层孔洞的扩大与微粒子相关？

南极上空的臭氧层孔洞在当地初春 9 月份前后达到每年的最大，而 2003 年达到历史上的最大级（稍低于最高值）。这是因为，形成孔洞的南极上空平流层的温度比历年都低。

虽然被称为臭氧层孔洞，但所谓"孔洞"，实际上是指平流层上臭氧浓度低的那一部分。本来，臭氧是有害物质，但由于它起到遮挡紫外线的作用，因此，臭氧层对于地球生物的生存不可或缺。

破坏该臭氧层的主要原因之一是氟化碳气体类（CFCs），但其孤掌难鸣，其中也少不了气溶胶粒子的重要帮凶作用。

氟化碳气体一旦到达平流层，受紫外线的作用会发生分解，产生破坏臭氧的物质——氯氧化物（ClO_x）。后者藉由催化剂反应循环，一步一步持续地对臭氧产生破坏作用。但是，到达平流层的微量的氮氧化物与其发生反应，会形成准稳定的贮留成分（$ClONO_2$），不久便可使催化剂反应循环终结，从而使臭氧破坏停止进行。

但是，这种贮留成分一旦附着在冰等微粒子的表面，由于非均匀反应，又会变成臭氧破坏物质。而且，氮氧化物一旦变为 HNO_3，会被吸入冰粒子（固相）中，致使催化剂活性循环再次活跃进行。

冬天的南极上空，受称为极涡的强烈西北风的包围，由于其内部气温会降低到极低（$-78℃$），从而生成以三水合硝酸（$HNO_3 \cdot 3H_2O$）及冰粒子为主成分的极域成层圈云，随着上述不均匀反应的进行，臭氧破坏物质持续生成。故可以认为，臭氧破坏物质在春天阳光的沐浴下，急剧对臭氧层发生破坏作用。

顺便指出，在皮纳图博火山（菲）爆发后的 1992 至 1993 年间，在北半球记录到臭氧层破坏，一般认为，这是由于火山喷发造成平流层的硫酸气溶胶粒子大幅度增加所致。

本节重点

(1) 南极的臭氧层孔洞在初春（当地 9 月份）达到最大。
(2) 破坏臭氧层的主因为粒子表面的非均匀反应。
(3) 火山爆发也会破坏臭氧层。

南极臭氧洞发生的示意图

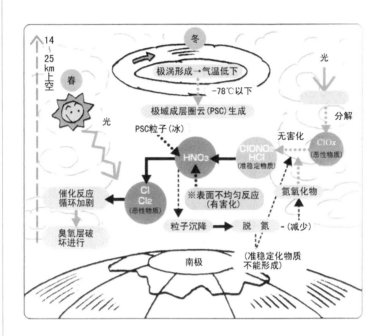

催化反应循环

（X是可再生的，因此循环反应持续进行）

$$X + O_3 \longrightarrow XO + O_2$$
$$XO + O \longrightarrow X + O_2$$

总反应：$O + O_3 \longrightarrow 2O_2$

（X = H、OH、NO、Cl、Br 等）

$ClONO_2$ 及HCl为准稳定物质（贮留成分）

$$ClO + NO_2 \xrightarrow{\ M\ } ClONO_2$$
$$Cl + CH_4 \longrightarrow HCl + CH_3$$

名词解释

非均匀反应：反应物质呈现两种以上不同相（例如，本节所涉及的气相与固相）间的反应即为非均匀反应。
利用固相催化的气相、液体物质间的反应为典型的非均匀反应。

书角茶桌
为什么夕阳是红色的，而天空是蔚蓝的？

苹果看起来是红的，这是由于照射到苹果的光中，只有红光反射到我们眼中所致。柠檬看起来是黄的，是由于柠檬只反射黄光。

太阳光中，含有从红到紫各种不同波长的光。彩虹看起来分七色，就是太阳光中含有七种颜色光的证据。如果所有颜色的光平等地射入我们的眼睛，则感觉到的是白光。

夕阳之所以看起来是红的，是由于太阳光中主要是红光进入我们的眼睛；天空之所以是蔚蓝色的，是由于空中的蓝光进入我们的眼睛中所致。

那么，为什么只有特定颜色的光会进入我们的眼睛中呢？这是由于大气中的尘埃粒子及空气的分子的干扰所致。浮游于大气中的微粒子使光发生乱反射（散射）。散射的程度由光的波长（光是电磁波）与粒子的大小之比决定。该比值越小，越容易发生散射。因此，波长长的红光（波长大约为800nm）不容易发生散射，而波长短的蓝光（波长大约为400nm）容易发生散射。

傍晚（早晨也是如此）太阳光如图中所示，在空气中要通过相当长的距离。因此，波长短的蓝光在途中几近散射殆尽，从而仅有红光到达我们的眼睛中。与之相对，天空之所以是蔚蓝色的，是由于红光基本上不受到散射而直射前方（称此为前方散射），而波长短的蓝光被散射到各种各样的角度（称此为漫散射），其一部分进入我们的眼睛中。

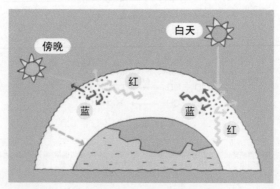

第2章

粉体参数如何测量

2.1 粉体的特性及测定（1）
——粒径和粒径分布的测定
2.1.1 如何定义粉体的粒径

　　一个直径为 100μm 的球形粒子与一个边长为 80μm 的立方体粒子相比，哪一个更大呢？若按体积比较，直径 100μm 的球形粒子大；若按表面积比较，边长 80μm 的立方体粒子大。直径 100μm 的球形粒子正好能通过 100μm 的孔，而边长 80μm 的立方体粒子则不能通过。上述例子说明，比较的尺度（定义）不同，大小关系会发生变化。

　　粒子的大小一般以微米为单位的直径来表示。能以直径来定义的仅限于球形粒子。实际上，人们所关注的粉体中的粒子几乎都不是真正意义上的球形，而具有复杂且不规则的形状。因此，粒子的大小要按粒子径换算，而换算的方法也有几种不同的定义。

　　其中主要的，是测定与粒子的大小相关的物理量或几何学量，换算为与之具有相同值的球形粒子的直径。定义中依据的参量包括：①利用显微镜等测定的面积及体积等几何学量；②沉降速度及扩散速度等动力学的物理量；③散射光强度及遮光量等的粒子与光之间的相互作用量。

　　实际上，依据各种测定原理所得到的测定量，要藉由适当的几何学的公式或物理学的公式加以换算。因此，测定原理不同，粒子径当然也会不同。那么，哪种是真正的粒子径呢？这种疑问不绝于耳。实际上，除了球形粒子以外，真正的粒子径是不存在的。因此，得到的粒子径同时必须给出测定方法就显得十分必要。而且测定装置不同，也会出现相当大的差异，此称为机种差。装置的形状不同也往往得不到相同的结果。为了尽可能减少这些差异，ISO 等机构正在进行测定方法的标准化。而为了符合这些标准，各个测定装置厂商也正在努力进行装置的改良和测定法的改善。

本节重点
（1）除了球形粒子之外所谓的粒子径都是经换算得到的。
（2）粒子大小的数值随粒径定义不同而变。
（3）期待测量方法、测量装置的标准化。

非球形粒子难以用圆孔和狭缝测量其大小

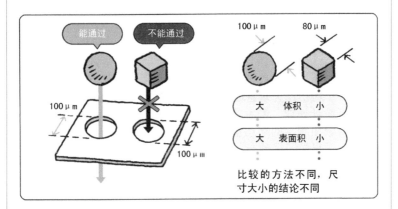

比较的方法不同，尺寸大小的结论不同

三个定义方法

换算为具有相同值的球形粒子的直径

一般来说，粒子的形状极为复杂。那么粒子直径如何定义才好呢？

即使利用专门用于测量的装置，得出的结果也不尽相同

名词解释

散射光强度：沿某一方向传播的光受到粒子散射时，以其为中心光将在各个方向扩散。散射方向和散射光的强度与粒径和波长相关。

2.1.2 不同的测定方法适应不同的粒径范围

按原理，决定粒子大小的方法可分为三类：①由显微镜测量其尺寸；②藉由粒子在液体中的移动速度进行换算；③由光与粉体之间的相互作用进行换算。

作为粒子集团的粉体粒径测定也采用这些方法。对于这种情况，为了求出粒子径分布，往往采用两种处理方式：①根据由一个粒子作为对象而测定的物理量，个别地换算为粒子径，再进行统计处理，最后求出粒子径分布；②首先对由一个粒子作为对象而测定的物理量进行总计，再根据这种总计测定的物理量，求出粒子径分布。

代表性的测定方法和可能的测定范围如表中所示。测定环境气氛（液体中或在气体中）也在表中列出。

通常，首先要知道粉体粒子的大致尺寸。基本上都是藉由显微镜观察。非危险的粉体可以用手触摸。如果没有粗糙之感，大致可以认为其粒度在数十微米（以下）。在知道粉体粒子的大致尺寸之后，要考虑"了解粉体的大小为了何种目的？"

对于尺寸大致相同的单分散球形粒子的情况，由不同方法得到的测量结果差异不大。但粉体几乎都是由非球形粒子组成，且粒子径有一定分布。对于这种情况，测定方法不同，得到的结果会有差异。

基于光散射法原理的装置应用最为广泛，其测定时间短，只需几分钟，测定方法也比较简单。但是，必须注意测定装置中安装试样的前处理法等，而且测定方法的标准化正在进行之中。现在，在实际装置内采用高浓度状态进行测定的装置也可直接购买。

在表示粒径时，平均粒径和粒径分布十分重要。而且还必须注意，是个数基准还是质量基准。采用不同基准，即使同一粉体，表示的数值也是不同的。

本节重点

（1）由显微镜测量粉体粒子的尺寸，再进行换算。
（2）藉由粒子在液体中的移动速度进行换算。
（3）由光与粉体之间的相互作用进行换算，这种方法用得最多。

粒子直径测定的概念图

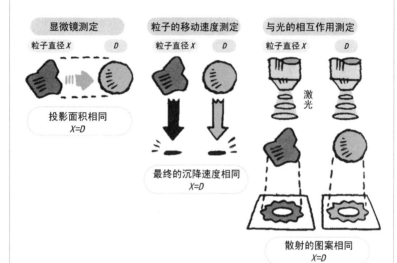

显微镜测定

粒子直径 X　　D

投影面积相同
X=D

粒子的移动速度测定

粒子直径 X　　D

最终的沉降速度相同
X=D

与光的相互作用测定

粒子直径 X　　D

激光

散射的图案相同
X=D

不同方法适用于粒子直径的测定范围

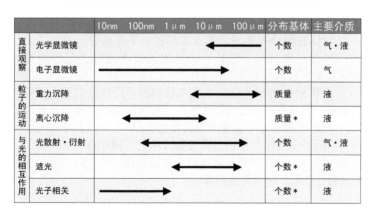

		10nm	100nm	1μm	10μm	100μm	分布基体	主要介质
直接观察	光学显微镜				←		个数	气·液
	电子显微镜	←			→		个数	气
粒子的运动	重力沉降				← →		质量	液
	离心沉降	←	→				质量 *	液
与光的相互作用	光散射·衍射		←		→		个数	气·液
	遮光			←	→		个数 *	液
	光子相关	←		→			个数 *	液

注：＊换算为质量基准表示。

2.1.3 粉体粒径及其计测方法

在表征粉体的大小时，经常使用"粒度"这一术语。它通常是在表示粉体构成粒子的大小程度的场合使用。但严格讲，相对于长度表示的粒径（或粒子径）来说，以"目"（mesh，每英寸长度的网眼数）等长度以外的尺度来表示的场合，多使用"粒度"。近年来，随着以长度表示的普遍采用，以粒径表征粉体大小的情况越来越多。

表示粒径大小，一般采用①几何学粒径，②相当粒径，③有效粒径等三种方法。由显微镜照片及其他图像信息等求解的情况，是利用①、②两种方法，其中有的采用定方向径，有的采用圆相当径。关于有效粒径，往往取对实际粉体操作最实用的粒径，经常使用的是斯托克斯粒径（沉降径）。

（a）Feret 粒径　费雷特直径，**沿一定方向测得的颗粒投影轮廓两边界平行线间的距离**，对于一个颗粒，因所取方向而异，可按若干方向的平均值计算。这是对不规则颗粒大小的描述常用的参数。经过该颗粒的中心，任意方向的直径称为一个费雷特直径。每隔 10°方向的一个直径都是一个费雷特直径。一般将这 36 个费雷特直径总和起来描述一个颗粒。

（b）Martin 粒径　定方向等分径，即一定方向的线将粒子的投影面积等份分割时的长度。

（c）Krummbein 粒径　定方向最大径，即在一定方向上分割粒子投影面的最大长度。

粉体粒径分布的表示方法常用的有下面两种。

频度分布（微分法）：由实验测得不同粒径范围的颗粒数或质量，换算成百分数，据此作图。

累积分布（积分法）：由实验测得不同粒径范围的颗粒数或质量，据此进一步计算不大于某一粒径的颗粒数量或质量对总数的分数，将颗粒或者质量分数对粒径作图，称为**筛上积算**。反之，由实验测得不同粒径范围的颗粒数或质量，据此进一步计算不小于某一粒径的颗粒数量或质量对总数的分数，将颗粒或者质量分数对粒径作图，称为**筛下积算**。

本节重点

（1）Feret 粒径：沿一定方向测得的颗粒投影轮廓两边界平行线间的距离。
（2）Martin 粒径：定方向等分径。
（3）Krummbein 粒径：定方向最大径。

粉体粒径的计测方法

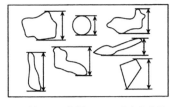

(a) Feret 粒径——一定方向夹持
粒子的两条平行线间的距离

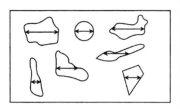

(b) Martin 粒径——投影面
积二等分线段的长度

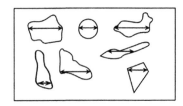

(c) Krummbein 粒径——一定方向
的最大长度

粉体粒径分布的表示方法

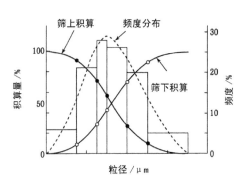

2.1.4 复杂的粒子形状可由形状指数表示

　　粉体粒子具有各种各样的形状。如何表征各种各样粉体粒子的形状，是粉体技术特有的课题。为表示粒子的形状，一般采用形状指数。这种指数，是根据粒子与理想的形状，例如球，或者其二维投影像与圆，有多大的差距来表示的。

　　形状指数一般由任意选定的两个代表径之比来定义。首先，针对代表径加以说明。所谓面积相当径 X_H 是指，与某一粒子的二维投影面积具有相同投影面积的球形粒子径。另外，周长相当径 X_L 是指，与某一粒子的二维投影周长具有相同投影周长的球形粒子径。这两个代表径之比（＝X_H/X_L）就是圆形度。该式是粒子的二维投影像偏离圆形多大程度的表达式。圆形的情况为 1，投影像偏离圆形的程度越大，比值越小。这是由于面积相同的条件下，圆的周长最小所致。

　　作为其他的形状指数，还有二维投影像的长径 X_L 与短径 X_s 之比（＝X_L/X_s）。该比值表示**长短度**。通常称为**长宽比**。一般而言，越是细长粒子的情况，长短度越大。

　　形状指数：圆形度＝X_H/X_L：圆为1，偏离圆时小于1；长短度＝X_L/X_s，此值越大，微粒子越细长。

　　下面，介绍形状指数的测量方法。采用测量各个粒子照片的静止画面处理法，将许多粒子进行像素分解，求出圆形度等形状指数。另外，还有图像处理法，即对流体中处于流动状态的粒子摄影，由其图像进行求解。

　　作为简便方法，也有可能由各个粒子径测定法求出的平均粒子径之比推断形状指数的方法。例如，采用由离心沉降法求出的粒子径与光散射法求出的粒子径之比的方法等。应目的不同可以选择不同的方法确定形状指数。

（1）与微粒子投影面积相等的圆的直径，即面积相当径。
（2）与微粒子投影周长相等的圆的直径，即周长相当径。
（3）粒子的形状指数有圆形度、长短度等。

非球形粒子的代表性直径

（按二维投影像考虑）

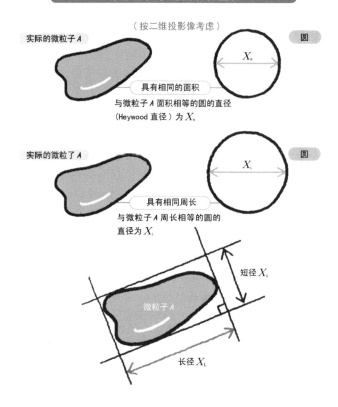

实际的微粒子 A

圆

X_{H}

具有相同的面积

与微粒子 A 面积相等的圆的直径
（Heywood 直径）为 X_{H}

实际的微粒了 A

圆

X_{L}

具有相同周长

与微粒子 A 周长相等的圆的
直径为 X_{L}

短径 X_{S}

微粒子 A

长径 X_{L}

粒子的形状指数

圆形度 $= \dfrac{X_{H}}{X_{L}}$：圆为 1，偏离圆时小于 1

长短度 $= \dfrac{X_{L}}{X_{S}}$：此值越大，微粒子越细长

2.1.5 粒径分布如何表示

以**个数基准**或以**质量基准**得到的平均径会有什么不同呢？为了简单，考虑粒径为 1μm、2μm、3μm 的 3 个粒子。若以个数基准，个数平均径是 2μm，而若以质量基准，平均径经计算是 2.7μm。计算方法如右图表中所示。粒子径分布得越广，个数基准平均径与质量基准平均径之间的差异越大。尽管常用这些平均径代表粒子径，但必须说明以何为基准。通常以质量基准表示。

粒子径分布的表示法在右图中给出。现从**积分分布** Q_r 和**频度分布** q_r 间的区别讲起。所谓频度分布是指某一粒子径范围的粒子存在的比率。关于频度分布，从图中所示个数基准与质量基准的差异从感觉上就可以理解。积分分布中有**筛下分布**和**筛上分布**之分。通常积分分布指筛下分布 Q_r，表示某一粒子径以下的粒子存在比率。筛上分布用 R_r 表示。其中，满足 $Q_r+R_r=1$。即，某一粒径 x 的筛下分布若取 0.3，则 x 的筛上分布就是 0.7。这是全体积分等于 1 的必然结果。横轴表示粒子径，记作 x（μm）。纵轴表示积分分布 Q_r，对于频度分布 q_r 来说，在个数基准的场合，$r=0$；而质量基准的场合，$r=3$。尽管不常用，但还有长度基准的 $r=1$，面积基准的 $r=2$。Q_r 的单位为无因次的，用全体为 1 时的比率表示。q_r 的单位为（1/μm），表示（x，$x+\mathrm{d}x$）粒子径范围内所存在的粒子数比率。

$Q_r(x)=0.5$ 时的粒子径称为 50% 径（中位径），记作 x_{50}。而且频度最大的粒子径称为最频径（mode 径），记作 x_{mode}。无论是中位径还是最频径，都有个数基准与质量基准之分，采用何种基准必须加以明示。

本节重点

（1）个数基准与质量基准的平均粒径有显著差异。

（2）积分分布有筛下分布和筛上分布之分。

（3）频度分布是指某一粒子径范围的粒子存在的比率。

粒子粒径分布的表示方法

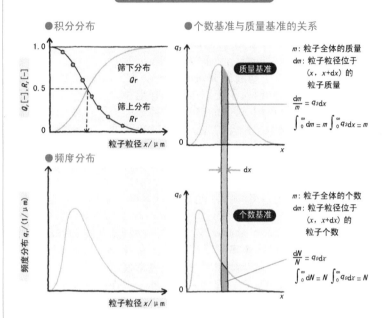

●积分分布

●个数基准与质量基准的关系

m：粒子全体的质量
dm：粒子粒径位于 $(x, x+dx)$ 的粒子质量

$$\frac{dm}{m} = q_3 dx$$

$$\int_0^\infty dm = m \int_0^\infty q_3 dx = m$$

●频度分布

m：粒子全体的个数
dm：粒子粒径位于 $(x, x+dx)$ 的粒子个数

$$\frac{dN}{N} = q_0 dr$$

$$\int_0^\infty dN = N \int_0^\infty q_0 dr = N$$

平均粒径的计算实例（3 个粒子的情况）

个数基准

粒子粒径 $x/\mu m$	1	2	3	
个数 n	1	1	1	$\sum n=3$
频度分布 $q_0=n/\sum n$	0.333	0.333	0.333	
$q_0 \cdot x$	0.333333	0.333333	0.333333	
平均粒径 $=\sum q_0 \cdot x$	2			

质量基准

粒子粒径 $x/\mu m$	1	2	3	
个数 n	1	1	1	$\sum x^3=36$
x^3	1	8	27	
频度分布 $q_3=x^3/\sum x^3$	0.027778	0.222222	0.75	
$q_0 \cdot x$	0.027778	0.444444	2.25	
平均粒径 $=\sum q_3 \cdot x$	2.722222			

2.1.6 纳米粒子大小的测量——微分型电迁移率分析仪 (DMA) 和动态光散射仪

DMA 是藉由使施加在电极上的电压阶梯性变化，测定粒径周围的个数浓度的粒径分布测定装置。

带电荷的粒子随着气体进入 DMA，粒子沿轴向的速度等于气体的流速。同时粒子受到电极的静电引力，由于不同直径的同质粒子质量不同，因而在电极的静电引力下产生的横向加速度不同，导致不同粒径的粒子运动轨迹不同，只有特定粒子直径的粒子才能通过缝隙进入粒子检出器。使外加电压发生变化，可使通过粒子检出器的粒子直径变化，再使电压阶梯性变化，经过统计即可得知粒径分布。

动态光散射 (dynamic light scattering，DLS)，也称光子相关光谱 (photon correlation spectroscopy，PCS)、准弹性光散射 (quasi-elastic scattering，QES)，测量光强的波动随时间的变化。DLS 技术测量粒子粒径，具有准确、快速、可重复性好等优点，已经成为纳米科技中比较常规的一种表征方法。随着仪器的更新和数据处理技术的发展，现在的动态光散射仪器不仅具备测量粒径的功能，还具有测量 Zeta 电位、大分子的分子量等能力。

粒子的布朗运动导致光强的波动。微小的粒子悬浮在液体中会无规则地运动，布朗运动的速度依赖于粒子的大小和媒体黏度，粒子越小，媒体黏度越小，布朗运动越快。

利用光信号与粒径的关系，当光通过胶体时，粒子会将光散射，在一定角度下可以检测到光信号，所检测到的信号是多个散射光子叠加后的结果，具有统计意义。瞬间光强不是固定值，在某一平均值下波动，但波动振幅与粒子粒径有关。如果测量小粒子，那么由于它们运动快速，散射光斑的密度也将快速波动。相关关系函数衰减的速度与粒径相关，小粒子的衰减速度大大快于大颗粒。最后通过光强波动变化和光强相关函数计算出粒径及其分布。

本节重点
(1) DMA (differential mobility analyzer) 即微分型电迁移率分析仪。
(2) DMA 可以看成是纳米粒子静电质量分析仪。
(3) 动态光散射具有准确、快速、可重复性好等优点。

DMA 的原理

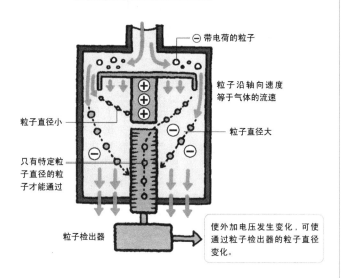

⊖ 带电荷的粒子

粒子沿轴向速度
等于气体的流速

粒子直径小

只有特定粒
子直径的粒
子才能通过

粒子直径大

粒子检出器

使外加电压发生变化,可使
通过粒子检出器的粒子直径
变化。

动态光散射

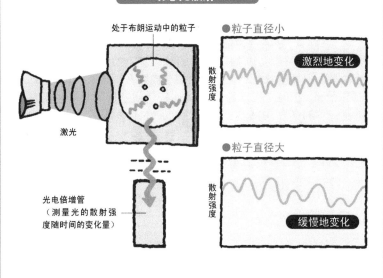

处于布朗运动中的粒子

●粒子直径小

激烈地变化

散射强度

激光

光电倍增管
(测量光的散射强
度随时间的变化量)

●粒子直径大

散射强度

缓慢地变化

2.2　粉体的特性及测定（2）
——密度及比表面积的测定
2.2.1　粒子密度的测定——比重瓶法和贝克曼比重计法

所谓粒子的密度是称量的粉体质量除以该粉体所占的体积。原理上讲，与求块体（体相）密度的方法相同。

比重瓶法使用图中所示的容器（质量 m_0），以液体作溶剂（密度 ρ_l）。首先，在容器中只充满溶剂，称量其质量 m_1。而后，在容器中只装满试样粉体，称量其质量 m_s。最后，再在其中注满溶剂，称量其质量 m_{sl}，则由下式可求出粒子的密度：

$$\rho_p = \{(m_s - m_0) / [(m_1 - m_0) - (m_{sl} - m_s)]\} \times \rho_l$$

该式所求的，实际上是粒子的质量除以粒子的真体积。测试中需要注意的是，选择的溶剂既要良好浸润粒子又不溶解微细粒子，同时试样粒子间不能有空气残留。为此，注满溶剂前要抽真空等。

贝克曼比重计法是利用气体的测试方法，该装置市场有售。采用的原理是，在同一温度下，气体压力与体积的乘积保持不变。在不存在试样粒子的状态下，使容器 A、B 保持相同容积（考虑活塞左侧的空间，当活塞在位置 1 时，其体积为 V_1）；容器 A、B 通过连接阀及与大气开放的排气阀相互连接。

在取样杯中装满待测试样粉体，两阀处于打开状态，待两容器达到等压状态后，关闭两阀。容器 A、B 间设有差压计，如图所示。在向左推动容器 A 的比较用活塞的同时，也向左推动容器 B 的测定用活塞，在差压计监测下保证容器 A、B 内的压力大致相同。当比较用的活塞到达位置 2（容积 V_2）时，求出差压为零时测定用活塞的位置 3（容积 V_3）。由于试样粉体的体积与（$V_3 - V_2$）成正比，因此可以求出试样粉体的体积，进而得到密度。

本节重点

（1）比重瓶（Pycnometer）粒子密度测量法。
（2）贝克曼（Beckman）比重计粒子密度测量法。
（3）前者利用的是阿基米德定律，后者利用的是气体状态方程。

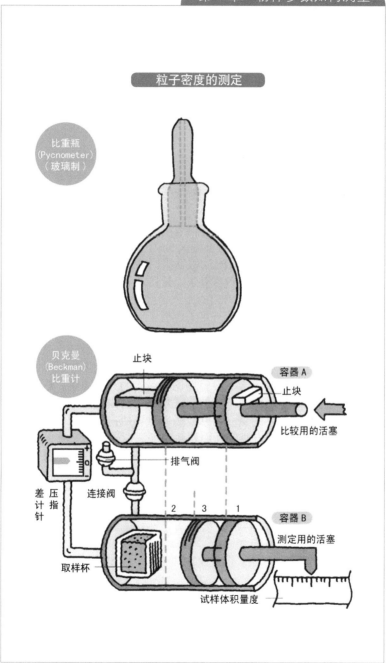

粒子密度的测定

比重瓶
(Pycnometer)
（玻璃制）

贝克曼
(Beckman)
比重计

止块

容器 A

止块

比较用的活塞

排气阀

差 压
计 指
针 针

连接阀

2　3　1

容器 B

测定用的活塞

取样杯

试样体积量度

2.2.2 比表面积的测定——透气法和吸附法

比表面积是指单位质量物料所具有的总面积。比表面积是粉体的基本物性之一。测定其表面积可以求得其表面积粒度。

比表面测试方法根据测试思路不同分为吸附法、透气法和其他方法。

透气法是先形成粉体的层，再利用一定流量的流体（通常为空气）流过该层所用的时间求出比表面积。粒径大（比表面积小），粉内层中形成的间隙大，短时间内便有一定量的流体流过。利用这种原理的 Blain 法广泛用于水泥粉末度的测定，但是比表面测试范围和精度都很有限。

吸附法根据吸附质的不同又分为吸碘法，吸汞法，低温氮吸附法等。 低温氮吸附法根据吸附质吸附量确定方法不同又分为**动态色谱法，静态容量法，重量法**等。

吸附法通常以氮气作为吸附气体，求出液氮温度（-195℃）下粉体表面的吸附量。在一定的温度下，粉体的吸附量随着吸附气体压力的升高而增加。使压力阶段性地上升，分别测定吸附量，称表征吸附量与压力关系的曲线为等温吸附线。已经报道这种等温吸附线有 5 种不同的类型。在吸附气体与粉体表面不引起化学反应的场合，会得到图中所示的 II 型曲线。这种曲线形式可通过被称为 BET 式的公式所表征。由这种 BET 式计算单分子层吸附气体的量，再乘以吸附气体所占的面积（吸附于表面的气体分子所占有的断面积），即可以求出比表面积。

在粒子径测量中通过比较，可确保测定值的良好重复性。由该比表面积即可求出**比表面积相当径**。该比表面积相当径与其他方法测定的粒子径相比，通常会更小。造成这种结果的原因是，采用其他测定方法时，表面或多或少的凹凸几乎不会对测定值产生影响。

（1）用于粒子比表面积测量的透气法和吸附法。
（2）在讨论比表面积时，粒子径要换算为比表面积相当径。
（3）比表面积通常用 m^2/g 表示。

粒子的比表面积测定

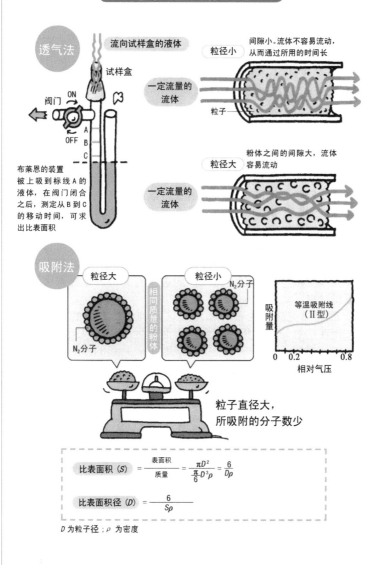

透气法

流向试样盒的液体

试样盒

阀门　ON

OFF

A
B
C

布莱恩的装置
被上吸到标线 A 的
液体，在阀门闭合
之后，测定从 B 到 C
的移动时间，可求
出比表面积

粒径小　间隙小。流体不容易流动，
从而通过所用的时间长

一定流量的
流体

粒子

粒径大　粉体之间的间隙大，流体
容易流动

一定流量的
流体

吸附法

粒径大　　相同质量的粉体　　粒径小

N_2 分子

N_2 分子

等温吸附线
（Ⅱ型）

吸附量

0　0.2　　　　　　0.8
相对气压

粒子直径大，
所吸附的分子数少

比表面积 $(S) = \dfrac{\text{表面积}}{\text{质量}} = \dfrac{\pi D^2}{\frac{\pi}{6} D^3 \rho} = \dfrac{6}{D\rho}$

比表面积径 $(D) = \dfrac{6}{S\rho}$

D 为粒子径；ρ 为密度

2.3 粉体的特性及测定（3）
——折射率和附着力的测定
2.3.1 粉体的折射率及其测定

折射率是粉体的重要性质，测量粉体的折射率，一般采用浸润法。

浸液法是以已知折射率的浸液为参考介质来测定物质折射率的方法。这种方法的最大优点是不要尺寸较大的待测试样，只要有细颗粒（或粉末）试样就可测定，当待测试料不多或大块试样比较困难的情况下，例如粉体，用这种方法就显得特别方便。

将粉末试样浸入液体中，当光线照射试样和液体这两个相邻的物质时，试样边缘对光线的作用就像棱镜一样，使出射光总是折向折射率高的物质的所在，这样就在折射率较高的物质边缘上形成一道细的亮带，这道亮带被称为贝克线。如果用显微镜来观察这种液体和试样，当光线从显微镜的下部向上照射时，如果两者的折射率不同，就会形成贝克线，就可以看见液体中的试样。如果试样与液体的折射率相同，光线照射时没有贝克线生成，换言之，在试样周边没有亮带，在显微镜下就看不见试样了。

因为贝克线是由试样和浸液这两种相邻介质的折射率不同，光在接触处发生折射和全反射而产生的，所以无论这两个介质如何接触，在单偏光镜下观察时，贝克线的移动规律总是不变的：当提升显微镜的镜筒时，贝克线向折射率大的方向移动；当下降镜筒时，贝克线向折射率小的方向移动。根据贝克线的这种移动规律，就可以判断哪种介质的折射率大，那种介质折射率小了。改变浸液的温度从而改变其折射率，当贝克线不清楚或消除时，所用浸液该温度下的折射率就是试样的折射率。

本节重点

（1）说明光在介质界面的反射折射规律。
（2）说明利用浸液法测定粉体折射率的原理和步骤。
（3）利用"隐身法"测量粉体的折射率。

利用浸液法测定粉体折射率的原理

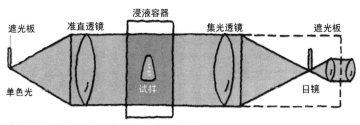

遮光板　　准直透镜　　浸液容器　　集光透镜　　遮光板

单色光　　　　　　　　试样　　　　　　　　日镜

①使浸液容器内的液体温度变化，检出试样粉体变得不
　可见的温度。
②对应此温度的液体的折射率即为试样粉体的折射率。

隐身法——"折射率之术"

2.3.2 粉体层的附着力和附着力的三个测试方法

　　由生活经验得知，细粉容易在手上附着。粉体的附着力通常由范德瓦尔斯力（分子间力）、静电附着力、颗粒表面不平滑引起的机械咬合力和附着水分的毛细管力（液相桥架力）等组成。

　　范德瓦尔斯力是由构成物质的电子运动而产生的分子间力，是普遍存在的二次键力。

　　静电附着力在带电粒子的场合发生。除了金属粉之外，粉体的电阻都很大，像小麦粉等，在与其他的物质相互摩擦时，便会带电。此时，静电附着力会超常地增加，从而在附着力中会起到支配作用。

　　液相桥架力是由于粒子间凝聚水分的表面张力与液面的曲率一起作用而产生的附着力。室温下，若相对湿度超过大约50%，则会变得显著，在有些情况下，相对湿度高时，液相桥架力会起支配作用。

　　在测定附着力的方法中，有单个粒子附着的测定法和粉体层附着力的测定法。前者采用的是离心分离法，该方法是使粒子附着于基板上，求出当其离心分离时，作用于粒子上的离心力。每隔一定旋转数，拍摄显微照片，计测由基板分离的粒子个数，求出当附着于基板的粒子数有50%发生分离时的平均附着力。这种测量方法，既麻烦又费时。后来有人提出基板采用压电体，由一定旋转数下压电体的共振周波数的变化来求出附着力。

　　测量粉体层的附着力，是通过使粉体层破断，相对于此时的空隙率，求出单位面积附着力的方法。有拉伸破断法和剪断破断法。前者是在拉伸方向，利用粉体填充的二分割容器，求出使粉体层破断的力，作为粉体层空隙率的函数，求出单位断面积的破断力。

　　剪断破断法是在上下二分割的容器中填充粉体，在垂直方向施加不同载荷的状态下，使粉体在水平方向发生剪断破坏，求出垂直方向载荷为零状态下单位面积的破断力。

本节重点

（1）粉体的附着力主要由哪几个力构成？
（2）单个粒子的附着力测量法和粉体层附着力测量法。
（3）拉伸破断法，剪切破断法，离心分离法。

粉体层的附着力测定

拉伸破断法 使粉体层在拉伸力作用下破断，求出每单位断面积的附着力

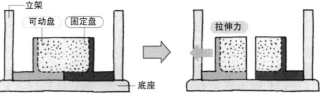

剪断破断法 在上下分割为两部分的容器中填充粉体，利用剪断力使粉体层破断，藉由计算求出每单位断面积的附着力

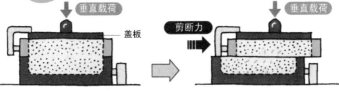

1 个粒子的附着力测定法

使离心力变化，计测被分离的粒子数，求出个数的 50% 被分离的附着力

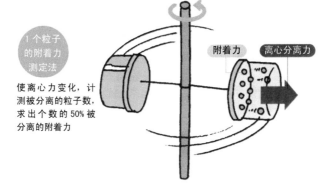

2.3.3 粒子的亲水性与疏水性及其测定

块体变为微粒子，因粒径很小，表面的影响会变大。粉体表面容易被水浸润的**亲水性**，还是容易被油浸润的**疏水性**（亲油性），依粉体的利用目的不同，各有各的用场。对于在高分子树脂中分散有无机固体微粒子的情况，若微粒子表面为亲水性的，由于微粒子间的凝聚，则分散性变差。若粉体表面经过乙醇及界面活性剂等的处理而变为疏水性的，则会大大提高粉体的分散性。

微粒子亲水性、疏水性最简单的测定方法是判断微粒子到底是在水中还是在油（例如己烷）中分散。在试管中注入水和己烷。由于相对密度的差异，己烷位于上层，水位于下层。在该试验管中适量投入欲测试的微粒子，封闭试管口，上下振动。在亲水性的情况下，微粒子在下层分散。这种方法尽管不能做定量的比较，但可以简单判断微粒子是亲水的还是疏水的。

藉由比表面积的测定也能进行评价。比表面积的测定是分别在氮气和水蒸气中进行，取氮气中测定的比表面积与水蒸气中测定的比表面积的比值，也可以作为亲水性的指标。这种方法的便利之处在于，可以通过加热等一定程度上去除无机微粒子表面的水分，因此可以进行定量的评价。

对于水的浸润性的测试方法也是有的，通过测试水对微粒子层的接触角来进行。测定接触角的方法有下述两种：①在微粒子压粉体（由机械压力压实的粉体层）的平整表面上滴下水滴，再用高差计测定水滴的接触角的方法；②在形成微粒子层的毛细管中，求出为使水不渗透所需要的压力，即可算出接触角（置换压力法）。前者在多少有些疏水性的场合才有可能使用，但实际操作起来相当困难，因此推荐采用后者。

本节重点

（1）何谓亲水性和疏水性，对二者有哪些评价方法？
（2）接触角测定法。
（3）比表面积测定法。

分散嗜好性试验

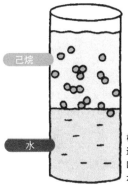

己烷

水

根据粒子是在己烷中分散还是在水中分散，可以判断粒子是亲水性的还是疏水性的。

置换压力法

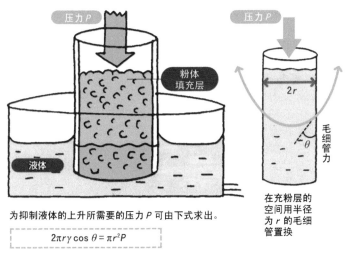

压力 P

压力 P

粉体填充层

液体

$2r$

θ

毛细管力

在充粉层的空间用半径为 r 的毛细管置换

为抑制液体的上升所需要的压力 P 可由下式求出。

$$2\pi r \gamma \cos \theta = \pi r^2 P$$

式中，γ 为液体的表面张力。若能利用别的对粉体完全浸润的液体（接触角为 0°，因此 $\cos \theta = 1$）求出 r，则利用上式可计算 $\cos \theta$。

书角茶桌
微小水滴构成的宏伟画作——彩虹

　　雨过天晴，人们有时会看到悬挂于天空中的彩虹。太阳和水滴的鬼斧神工造就了跨越天际的巨型画作。

　　由人工方法也可以制作彩虹。背向太阳而立，手捏软管向上喷水，形成大面积分散的小水珠，在面前则可以看到红色在上，紫色在下的小型彩虹。无论水珠的散布形状变换什么花样，都会发现彩虹的位置却固定不变。

　　是何原因让我们看到彩虹的呢？大概在小学我们就亲手作过三棱镜试验，一个小小的玻璃制三棱镜可将光分为红、橙、黄、绿、蓝、靛、紫七色光。这是由于玻璃（三棱镜）对光的折射率依波长不同而有些许差异所致。而我们看到彩虹的理由是由于"水滴对光的折射率依波长不同有些许差异所致。"

　　太阳光是连续光，其中含有人眼可感知的可见光，其波长分布于 380~780nm（不同学科和应用领域，定义范围略有差异）范围内。水对分光的折射率随波长不同略有差异，例如，对短波长紫光的折射率就大于对长波长红光的。因此，由同一位置射入水滴的太阳光中，由于红光和紫光的不同，藉由水滴折射、反射之后，会以略有不同的角度出射。同一人看彩虹，如图所示，人眼的感知对紫的角度为

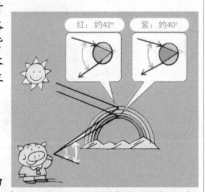

40°，而对红光的角度为 42°。这样，水滴出射的太阳光在观察者的眼中从上至下就形成了由七色（其实远不止七色）组成的连续色带。

　　"通常看到的彩虹"是红色位于上方，紫色位于下方的。但实际上，彩虹也有主虹和副虹之分。"通常看到的彩虹"是主虹。副虹通常可以在主虹的更上方看到，但大多数情况仅是隐约可见。太阳光经水滴中的一次反射形成主虹，经二次反射，以相当弱的光进入我们的眼中的便是副虹。

粉体的制备与操作

书角茶桌
沙尘暴和"核冬天"

3.1 从上到下（top-down）制备工艺
——破碎和粉碎
3.1.1 固体粉碎化技术的变迁
——从石磨到气流粉碎机（jet mill）

固体因破碎而变碎，称其为粉碎操作。估计这种粉碎操作的起源是人类破碎谷粒而食用面食。在古埃及文明时代的壁画中就描绘了将谷粒放在石板上，人利用辊子模样的石块，将谷粒破碎成粉的形象。

不久这种原型粉碎器便被改良为石磨。石磨由上磨盘和下磨盘构成，上磨盘的重量将要粉碎的谷粒压扁，藉由上磨盘和下磨盘间产生的剪切力将谷粒磨碎。石磨与此前的粉碎器相比，不需要将人的体重施加在石辊上，上磨盘仅靠手动使其旋转即可，无论谁操作都可以得到相同品质的粉体，而且可以获得比以前更多的产品。从大量制作相同产品这一工业的观点来看，石磨应算是当时的革新技术。

进一步通过使用水车及风车等替换由人力驱动使之旋转的部分，因此实现了自动化操作，据此，被称作面粉厂的制粉工厂在世界各地普遍建立。为了提高生产能力，产生了辊（碾）子型粉碎机。这种粉碎机靠两个金属辊相互内向旋转，向其间隙中供给原料，依靠辊子的压缩应力和剪切应力而获得粉碎物。现代的制粉工厂中都设有多台辊子型粉碎机，与各种筛分装置相组合，几乎都是全自动的无人操作系统。

现在，粉碎操作已广泛采用球磨机和气流磨，前者与刚球（磨球）一起进行粉碎，后者利用高压空气进行粉碎。这些粉碎设备不仅用于食品工业，在窑业、金属制作以及高分子聚合物生产等各种各样的领域都有广泛应用，且均已达到实用化。

本节重点

（1）按图中所示顺序介绍固体粉体化的变迁。
（2）从动力看固体粉体化的变迁。
（3）从方法看固体粉体化的变迁。

粉体技术的变迁

手工磨粉人（德国　食文化博物馆）

石磨（19 世纪　美国）

风车（荷兰）

风车内部的碾式粉碎机

近代制粉工厂的辊磨（roll）型粉碎机

名词解释

气流磨（jet mill）：利用由细喷嘴将几个大气压的高压气体喷射时的能量，将固体粉碎的粉碎机，广泛用于食品、医药品、印刷用调色涂料等粉体的制造。

3.1.2 粉体越细继续粉碎越难

采用粉碎机对固体原料进行粉碎时，得到的粒子大小与粉碎中所需要的能量之间存在右页所示的半经验公式。该式以提出者的姓名命名，称为**邦德公式**。

式中，F 和 P 分别是原料和粉碎物的 80% 可通过的粒子径。所谓 80% 可通过的粒子径，是指用某一目数开口的筛网对粉体过筛时，粉体全体的 80% 可以通过的筛网的开口大小。W_i 称为**功指数**，表示从无限大尺寸的 1t 原料粉碎到 80% 可通过的粒子径为 100 μm，所需要的能量。上述功指数是表征原料粉碎性的重要指标之一，在粉碎机设计和分析中经常使用。

邦德提出，在粉碎开始阶段，给予粒子的形变能与粒子径的 3 次方成正比，龟裂发生后与粒子径的 2 次方成正比，综合考虑，取二者中间，与粒子径的 2.5 次方成正比。再将其按单位质量换算，除以粒子的体积，即粒子径的 3 次方，则与粒径平方根的倒数成比例。

邦德公式表示，随着粒子径变小，粉碎能急剧增加，而且即使初始原料的粒子径发生大的变动，粉碎能却几乎不变。

根据对单粒子破坏的相关实验研究，粒子越小，破坏强度越高。而且，粒子越小，附着力的效果越大，所加的能量越难以有效地施加给粒子本身。在实际的干式粉碎中，要想获得粒径比 1 μm 或 2 μm 更细的粉碎物几乎是不可能的。近年来，突破这一壁垒的新型粉碎机得到成功开发，并已达到实用化。

本节重点

（1）写出邦德公式并说明每一个参量所代表的物理意义。

（2）为什么粉体越细继续粉碎越难？

（3）普通球磨机的极限粉碎粒径在什么范围，如何降低？

表示粉碎功的邦德公式

原料直径 $F/\mu m$ 粉碎机（单位质量的粉碎功 E）   粉碎物直径 $P/\mu m$

$$E = W_i \left(\frac{10}{\sqrt{P}} - \frac{10}{\sqrt{F}} \right)$$

E—每单位质量的粉碎功，kW·h/t；
P—粉碎物的 80% 可通过的直径，μm；
F—原料的 80% 可通过的直径，μm；
W_i—粉碎功指数，kW·h/t。

脆性材料的粉碎功指数

物质	粉碎功指数（kW·h/t）
石英玻璃	14.8
硼硅酸玻璃	15.2
石英	13.3
长石	12.4
石灰石	9.40
大理石	6.90
石膏	6.30
滑石	11.8

名词解释

脆性材料：泛指直至破坏前几乎不发生变形的材料。

3.1.3　介质搅拌粉碎机

　　无论是干式粉碎还是湿式粉碎，都是在一定介质中（非真空）进行的。**介质搅拌粉碎机**是指利用搅拌介质，让介质与物料相互摩擦、挤压以达到粉碎效果的粉碎机。介质搅拌粉碎机与单纯的研磨式粉碎机在工作原理上有着较为明显的差别。

　　介质搅拌粉碎机，以球磨机为例。球磨机的主体是由钢板卷制而成的回转筒体。筒体两端装有带空心轴的端盖，筒体内壁装有衬板。磨筒内装有不同规格的研磨介质（或称研磨体）。当筒体旋转时，研磨介质由于离心力的作用，随筒体一起回转，被带到一定高度时，由于其本身的重力作用抛落下来，对物料进行冲击；同时，研磨介质在筒内存在有滑动和滚动，对物料起研磨作用；在研磨介质冲击和研磨的共同作用下，物料被粉碎和磨细。

　　为获得更细的粒子，在进一步粉碎时，依场合不同而异，所生成的新鲜表面由于静电力及范德瓦尔斯力的作用，会发生再结合，致使有的粒子直径反而增大。故称此范围内的粒径为粉碎极限。

　　在研磨介质颗粒大小一定的情况下，物料颗粒最终细化程度是有一定极限的，要想获得更细微的物料粉碎效果，必须减小研磨介质颗粒的大小。由于介质本身亦存在体积上的粉碎极限，超过该极限，研磨介质的抗压性能、耐磨性能等已无法胜任研磨的工作强度，因而介质搅拌粉碎机采用干式粉碎法实现细微化有一定极限值。

本节重点

（1）说明干式球磨机的工作原理。
（2）干式球磨粉碎只能粉碎至 $1\sim2\mu m$。
（3）采取哪些措施可以继续降低干式球磨机的粉碎极限？

介质搅拌粉碎机

对于大粒子来说，可以有效传递粉碎的冲击力

微小粒子由于附着力的缓冲作用会吸收粉碎机的冲击力

采用干式粉碎法实现微细化有一定极限值

3.1.4 粉碎技术的分类及发展动态

依照粉碎所产生粒子的大小，粉碎有粗破碎（破碎）、中破碎（中碎）、粉碎、微粉碎之分。这些区域划分并无明显界线，主要是为了方便。

(1) 粗破碎（破碎） 由数十厘米破碎至 10cm 以下。主要机型有：① Schröder 破碎机；②颚式破碎机；③切刀破碎机；④转锤破碎机。主要利用的是冲击、挤压破碎。

(2) 中破碎（中碎） 由 10cm 粉碎至 1cm 以下。主要机型有：①转锤磨；②捣锤磨；③滚磨；④碾磨。主要利用的是捣碎、碾压破碎。

(3) 粉碎 由 1cm 粉碎至 1mm 以下。主要机型有：①球磨；②针磨；③ Screen 磨；④筒磨。主要利用的是介质搅拌粉碎。

(4) 微粉碎 由 1mm 粉碎至 10μm 以下（甚至达到亚微米以下）。主要机型有：①振动球磨；②搅拌磨；③行星磨；④气流磨；⑤乳钵磨。主要利用的是振动气流冲击粉碎。

按习惯，一般称 (1) 和 (2) 为破碎，(3) 和 (4) 为粉碎。目前，粉碎技术的发展动态是：①设备日趋大型化，以简化设备和工艺流程；②采用预烘干（或预破碎）形式组成烘干（破碎）粉磨联合机组；③磨机与新型高效分离设备和输送设备相匹配，组成各种新型干法闭路粉磨系统，以提高粉磨效率，增加粉磨功的有效利用率；④磨机系统操作自动化，应用自动调节回路及电子计算机控制生产，代替人工操作，力求生产稳定；⑤设备追求节能，降低电耗；降低磨损件的磨耗；追求更先进的粉体制备技术。

本节重点

(1) 生产实际中破碎和粉碎如何划分？
(2) 介绍粉碎技术的发展动态。

各种粉碎机的构造

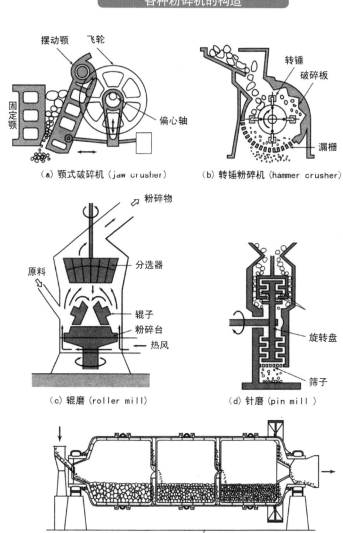

（a）颚式破碎机（jaw crusher）

（b）转锤粉碎机（hammer crusher）

（c）辊磨（roller mill）

（d）针磨（pin mill）

（e）筒磨（tube mill）

3.1.5 新型粉碎技术简介

传统粉碎机不仅能量效率极低，而且随着粉碎的进行，都存在难以跨越的微细化壁垒。所谓微细化壁垒是指随着粉碎到某种粒度，被粉碎的粒子数剧增，而由于粉体特有的附着、凝聚现象，用于粉碎的力被分散，结果被粉碎的粉体本身起到缓冲作用，从而难以将其粉碎成比其更细的粉体。对于干式粉碎机来说，其粉碎的极限粒度大致在 $1 \sim 2 \mu m$。

近年来，通过将球磨机的磨球减小至 1mm 以下，并与水及乙醇等溶剂在一起强制搅拌的同时进行粉碎，已取得令人惊异的微细化粉碎效果。这种形式的粉碎机称为媒质搅拌型粉碎机。这种形式的粉碎机是 20 世纪 20 年代开发的，但随着媒质球的直径变小，球的磨损量增加，作为杂质会对被粉碎粉体产生污染。因此，从超微细粉碎的观点，当时并未引起多大的关注。近年来，对压电陶瓷及介电陶瓷等电子材料的需求旺盛，要求在低价格前提下尽可能将其粉碎得更细。另一方面，得益于高强度陶瓷的开发，由于磨损造成的污染可以抑制至最小限度。结果，使用 1mm 以下微小磨球的媒质搅拌型粉碎机受到广泛关注。

使用由精细陶瓷制作的 0.4mm 直径的磨球，掺水一起高速搅拌（球磨）由铅、锡、锌的氧化物构成的压电陶瓷，30min 左右即可得到 $0.1 \mu m$ 以下的微粉。如果进一步经 90min 左右的搅拌，有人甚至得到 20nm 以下的超微粒子。与采用液体的化学反应制作粒子的方法相比，不仅能实现微细化，还能高速获得超微粒子。

本节重点

(1) 哪些粉碎机适合粗粉碎，哪些适合细粉碎，并从粗到细排序。
(2) 何谓媒质搅拌型粉碎机，它有哪些优缺点？
(3) 采用最新球磨技术可以制作 20nm 以下的压电陶瓷粉体。

各种粉碎机的构造（续）

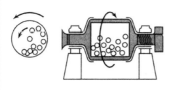

（f）球磨（ball mill）

搅拌轴

冷却水

珠或球

循环系统

搅拌杆

（g）搅拌槽型搅拌磨的一种

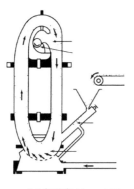

（h）气流磨（jet mill）

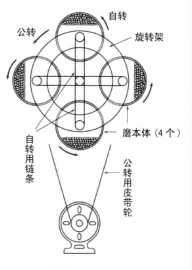

公转

自转

旋转架

磨本体（4 个）

自转用链条

公转用皮带轮

（i）行星磨（Hyswing mill）

3.2 分级和集尘——小粒径和高比表面积
3.2.1 振动筛和移动筛

筛分是分离粉体物料的一种手段，藉由筛网可将物料分离为通过筛目的部分，和不通过筛目的部分。这种分离操作简便易行，几乎应用于所有产业中。筛分可分离物料尺寸范围很广，一般为数十厘米至数十微米。而且，通过将具有一定网目尺寸间隔的若干段筛网重叠使用，还可用于粒度分布测定等。但是，对于粉体粒度低于 $100\mu m$ 的情况，处理精度和处理量都会明显下降。工业中经常使用的筛分机工作模式如图所示。此外，还有利用流体、超声波等的精密机型。

振动筛和移动筛是两种不同的筛分设备。

筛面与物料之间的相对运动是进行筛分的必要条件，根据运动方式的不同将筛分设备分为不同类型。振动筛中，粒子主要是垂直筛面运动；移动筛中粒子主要是平行筛面运动。实践证明，垂直筛面运动的方式筛分效率较高，因为物料此时也做垂直筛面运动，物料层的松散度大，析离速度也大，且粒子通过筛孔的概率增大，所以筛分效率得以提高。同时，筛面做垂直运动时，物料堵塞筛孔的现象有所减轻。

粉体颗粒的大小，一般用"目"或微米来表示。所谓目，定义为每英寸长的标准试验筛筛网上的筛孔数量。较粗的粉体，多用目来表示其颗粒粒度。例如，"+325 目 0.5%"，表示有 0.5%（占样品的质量百分数）的粗大颗粒通不过 325 目筛，这部分颗粒称为筛余量。"－270 目～+325 目 30%"，表示有 30% 的物料颗粒能通过 270 目而通不过 325 目筛子，即 270～325 目的颗粒在样品中所占质量为 30%。

本节重点

（1）筛网的"目"是如何定义的，"目"与粒度间有何关系？
（2）何谓振动筛和移动筛？
（3）请对图中所示分级后的频度分布与部分分离效率曲线加以解释。

工业用筛分机的振动模式

振动筛（vibrating screen）		移动筛（shifter）	
①	倾斜型	⑦	往复型
②	低头型	⑧	
③	电磁振动筛 莱温筛	⑨	Exolon-grader （粒子实际上在面内运动）
④ 顺流	泰若克型振动筛 或 回旋振动筛	⑩ β	横向往复倾斜筛
⑤ 逆流		⑪	旋回筛
⑥	椭圆振动筛	⑫ β	Ro-Tex 筛

分级后的频度分布与部分分离效率曲线

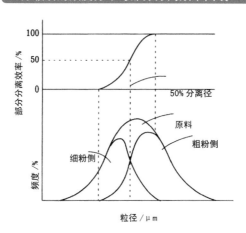

3.2.2　干式分级机的工作原理

　　干式分级机属于流体系统分级设备。在粉体制备过程中，往往需要将固体颗粒在流体中按其粒径大小进行分级。应用空气作分散介质进行分级的设备，称为空气选粉机，也就是干式分级机。

　　空气选粉机是一种通过气流的作用，使颗粒按尺寸大小进行分级的设备。这种设备用于干法圈流的粉磨系统中。其作用：使颗粒在空气介质中分级，及时将小于一定粒径的细粉作为成品选出，避免物料在磨内产生过粉磨以致产生黏球和衬垫作用，从而提高粉磨效率；将粗粉分出，引回磨机中再粉磨，从而减少成品中的粗粉，调节产品细度，保证粉磨质量。在产品细度相同情况下，一般产量可提高 10%～20%。

　　空气选粉机有两大类型：一类是让气流将颗粒带入选粉机中，在其中使粗粒在气流中洗出，细小颗粒跟随气流排出机外，然后再附属设备中回收，这类设备称为**通过式选粉机**。另一类是将颗粒喂入选粉机内部，颗粒遇到该机内部循环的气流，分成粗粉和细粉，从不同的孔口排除，这类设备称为**密闭式选粉机**，或称**离心式选粉机**。另外，在离心式选粉机基础上作出了改进，设计出一种外部循环气流的旋风式选粉机，减少了离心式选粉机内部用于产生循环气流的大风叶的磨损，并且提高了空气效率。

　　干式分级机包括水平流型重力分级机、惯性空气分级机、垂直流型重力分级机三类。

本节重点
（1）何谓空气选粉机（干式分级机）？
（2）请对通过式选粉机和离心式选粉机加以比较。

干式分级机的原理

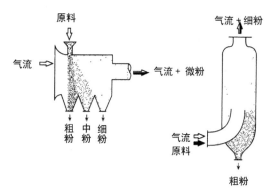

原料

气流 ⇨

气流 + 微粉 ⇨

粗
粉　中
粉　细
粉

（a）水平流型重力分级机的原理

气流 + 细粉

气流
原料

粗粉

（b）垂直流型重力分级机的原理

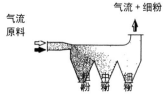

气流
原料

气流 + 细粉

粗
粉　中
粉　细
粉

（c）直线型惯性分级机的原理

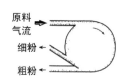

原料
气流

细粉

粗粉

（d）曲线型惯性分级机的原理

一次排气

一次空气和原料
供给

二次空气

二次空气

细粉和排气

粗粉

（e）半自由涡型离心式分级机的实例（DS 分级机）

3.2.3 集尘率的定义和代表性的集尘装置

从气流中将粒子分离、去除的过程称为**集尘**。集尘从原理上可分为两种类型。一种是在气流中设置障碍物，藉由障碍物表面对粒子进行捕集、分离，此称为**障碍物分离型**，其中作为障碍物的，有过滤布等的固定物，以及喷射的液滴等；另一种是对粒子作用某种外力，将粒子从气流中分离，此称为**外力分离型**，其中作为外力的有静电力、重力、离心力等。

在讨论各种集尘装置之前，先对集尘率和压力损失做简要说明。

所谓**集尘率**是指藉由集尘装置所捕集的粒子质量之比。另一个重要参数是部分分离效率。粒子中有一定的粒径分布。所谓**部分分离效率**，是指某一特定粒子径粒子被分离的比率。因此，部分分离效率为零的粒子径（可被分离的最小粒子径：比其更小的粒子不能被捕集）也是重要的参数。而且，运行费用与含粒子的气流在集尘装置中流动时需要多大程度的压力差有关。此时的压力差称为**压力损失**。

代表的集尘装置如图中所示。

(a) **旋风集尘器**。旋风集尘器是靠离心力将粒子从气流中分离的装置，适用于 10μm 以上较粗粒子的捕集。由于在高浓度下也能使用，加之建设费用低，因此也可作为高性能集尘装置的前置装置使用。

(b) **布袋集尘器**。布袋集尘器 (bag fiter，又称袋状过滤器) 是靠布袋表面捕集粒子的高性能集尘装置，尽管存在压力损失大的缺点，但由于集尘率与作为集尘对象的粒子性质的相关性小，作为通用集尘装置，应用广泛。

(c) **电气集尘装置**。先赋予粒子电荷，再靠电气力将粒子从气流中分离的高性能集尘装置。虽然集尘率与对象粒子的电气性质相关，但具有压力损失小、运行费比较低的优点。

本节重点

(1) 结合图中的曲线给出集尘率和部分分离效率的定义。

(2) 代表性的集尘装置有哪几种？

(3) 试说出下图中几种集尘装置的工作原理？

集尘率

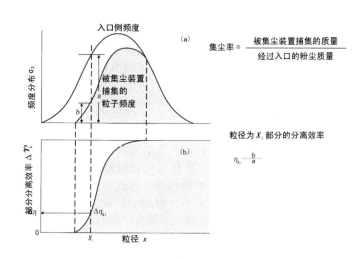

(a)

$$集尘率 = \frac{被集尘装置捕集的质量}{经过入口的粉尘质量}$$

粒径为 X_i 部分的分离效率

$$\eta_{x_i} = \frac{b}{a}$$

代表性的集尘装置

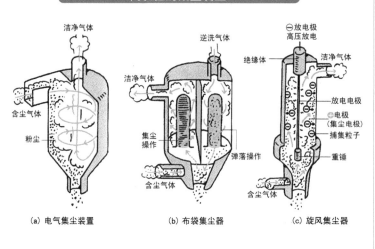

（a）电气集尘装置　　（b）布袋集尘器　　（c）旋风集尘器

3.2.4　布袋集尘器和电气集尘装置

布袋集尘器的名称源于集尘部位的袋。将纺织布或过滤袋悬垂于装置内，当气流通过袋子时，其中的粉尘便会堆积并捕集于袋子上。堆积的粉尘层也能集尘，因此随操作的进行，集尘率会不断变高。在所有集尘装置中，布袋集尘器效率最高，也具有稳定的性能。其另一个特点是，布袋上发生的是物理捕集，集尘率基本上不受粉尘特性的影响。

集尘机制包括粉尘的扩散、遮挡以及惯性碰撞。对于扩散效果来说，粒子径越小越显著，而对于遮挡及惯性碰撞效果来说，粒子径越大越显著。因此，存在一个集尘效果不佳的范围。集尘率最低的处于 0.5μm 附近范围内。对于纳米粒子，例如 10nm 左右的粒子，可以比较简单地被捕集。实际上，布袋上堆的粉尘层也能产生捕集作用，因此，与粒子径极端的相关性并不多见，只是可以看出大致的相关性。随着布袋上粉尘的不断堆积，压力损失逐渐增大。因此，每经过一定的时间，需要将布袋上积存的粉尘抖落掉。

电气集尘装置利用由放电极（负极）的放电，使粉尘变为负离子，再由集尘极（正极）进行捕集。显然，集尘率受粉尘电阻率的影响。低电阻粉尘在容易得到负离子的半面，即集尘极上，将负电荷给予电极，而自己又带上与电极相同的正电荷，由于电气的排斥力，会再次向气流中飞散（再飞散）。相反，高电阻粉尘在集尘极上的电荷放出速度慢，致使堆积的粉尘层内电压梯度增大，进而粉尘层内发生空气绝缘破坏。绝缘破坏产生的正离子会向着放电极运动（逆电离）。与此同时，放电极中的电压梯度变缓，放电也接着变弱。尽管正离子增加会使电流值增加，但负离子数减少，致使集尘率低下。因此，必须在控制上采取措施，保证即使温度发生变化，造成粉尘电阻变化时，也不会引起再飞散以及逆电离发生。

本节重点

（1）说明布袋集尘器的集尘率与粉尘粒径间的关系。

（2）布袋集尘器中扩散、惯性和遮挡各起什么作用？

（3）指出电气集尘装置中集尘率与粉尘的表观电阻率间的关系。

布袋集尘器的集尘率与粉尘粒径间的关系

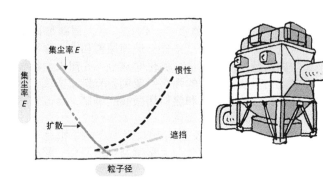

集尘率 E
惯性
扩散
遮挡
集尘率 E
粒子径

布袋集尘器的集尘原理

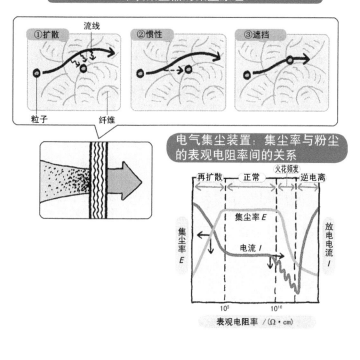

①扩散
流线
②惯性
③遮挡

粒子
纤维

电气集尘装置：集尘率与粉尘的表观电阻率间的关系

再扩散
正常
火花频发
逆电离
集尘率 E
电流 I
集尘率 E
放电电流 I

10^5
10^{10}

表观电阻率 /$(\Omega \cdot cm)$

3.3 混料及造粒——小粒径和高比表面积
3.3.1 代表性的混料机

粉体混合的目的多种多样，例如，水泥原料和陶瓷原料的混合是为固相反应创造条件；玻璃原料和冶金原料的混合是为炉内熔融反应配制适当的化学成分；在耐火材料和制砖生产中，为了获得所需的强度，要制备有最紧密填充状态的颗粒级配料；绘画颜料和涂料用颜料的调制，合成树脂同颜料粉末的混合则是为了调色。

混合机是医药品、农用药剂制剂生产的主机之一，它主要用于极微量的药效成分与大量增量剂的混合，即高倍散率混合。饲料工业中营养成分的配合，要求所用量间的变化极小。粉末冶金中金属粉和硬脂酸之类的混合，以及焊条中焊剂的混合等是为了调整物理性质。上述都属于粉体混合过程。

代表性的混料机如图所示。其中，图（a）是结构比较简单的旋转圆筒型；图（b）所示的 V 形混合机应用广泛，其结构简单，供给和排出都十分便利；图（c）所示的双圆锥型混合机应用最为广泛，即使内部不放入搅拌器，也能均匀混合；图（d）所示的螺条型自古就有采用，利用相互反向移送粉体的螺条实现混合；图（g）是称为圆锥螺杆型的一例。此外，还有以凝聚性强的粉体为对象和利用流动层的混料方法等。

无论哪种类型，作为混合机构，主要包括：①对流（移动）混合，利用混合机内粒子群的大距离往返移动；②剪断混合，利用粉体内速度分布的差异所造成的粒子相互间的滑动等，产生分散作用；③扩散混合，利用近接粒子相互的位置交换而产生混合，属于局部的混合。

本节重点

（1）粉体混合的目的有哪些？
（2）混料机的混料机制主要有哪几种？

代表性的混料机

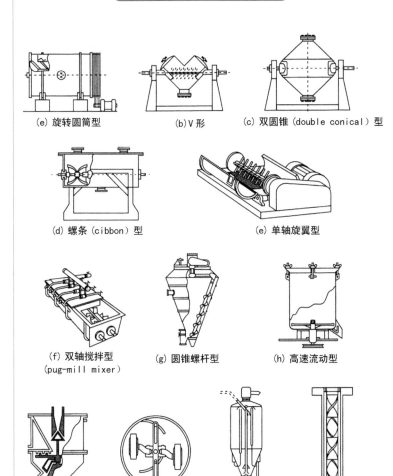

（e）旋转圆筒型　　　（b）V 形　　　（c）双圆锥（double conical）型

（d）螺条（cibbon）型　　　（e）单轴旋翼型

（f）双轴搅拌型　　　（g）圆锥螺杆型　　　（h）高速流动型
（pug-mill mixer）

（i）旋转圆盘型　　（j）碾轮　　（k）气流搅拌型　　（l）无搅拌型
　　　　　　　　（muller）型

3.3.2 造粒及造粒的目的

从广义上讲，造粒定义为：将粉状、块状、溶液、熔融液等状态的物质进行加工，制备成具有一定形状与大小的粒状物的操作。广义的造粒包括了块状物的细化分和熔融物的分散冷却等。通常所说的造粒指的是狭义上定义的概念，即：将粉末状物料聚结，制成具有一定形状与大小的颗粒的操作。从这种意义上讲，造粒物是微小粒子的聚结体，为了区分微小粒子和聚结粒子，将前者称为一级粒子，后者称为二级粒子。

粉碎的作用是"缩小粒径"；反之，"增大粒径"的过程就是造粒。从制药丸至粉体成型，造粒获得了极为广泛的应用。一般来说，微粉在空气中易飞扬、粘壁，难以处理，在重力作用下自由流动性又差，粉体工艺过程的设计也不方便，因此，要求具有将粉体加工成易于处理的粒径和颗粒形状的操作。造粒还包括将溶液和熔融液制成所需颗粒等技术过程。

中成药有丸、散、膏、丹之分。其中，散即粉。为使粉药容易在肠胃中被吸收，一般要做成数微米的微粉。但微粉容易附着，吸收水后会变得像黏土那样黏附于口中特别难以咽下。因此，今天的中成药几乎无粉剂，而多以丸、丹的形式提供给患者。照片所示即是由数百至数十万个为粒子构成的直径为数百微米的颗粒体。变成这样大小的集合体以后，就不会附着，而变成痛痛快快流动的粒体。

粉体粒化的意义在于能保持混合物的均匀度，在贮存、输送与包装时不发生变化；有利于改善物理化学反应的条件（包括固－气、固－液、固－固的相际反应），便于计量及满足商业上的要求；可以改善产品的性能以提高技术经济效果；可以提高物料流动性，便于输送与贮存；通过粒化过程把粉体制造成各种形状的产品等。

造粒方法有多种，依其样式分成：①**生长模式的造粒**（自足造粒），②**压缩模式的造粒**（强制造粒），③**液滴发生模式的造粒**等三种。其中，①是靠转动、流动、搅拌等，使粒子间接触而使其凝聚成长；②是使粉在模具中压缩成型；③通过喷射溶解（分散）粉的溶液，形成细的液滴，再经干燥得到。

本节重点

(1) 中药所谓丸、散、膏、丹中的"丸"和"丹"就是由造粒制作的。
(2) 针对图中所示的3种模式对造粒过程加以解释。
(3) 藉由造粒可以制作具有定时功能的药丸。

造粒物的电子显微镜照片

3 种造粒模式

①生长模式的造粒

喷雾

颗粒不断卷入微粉而生长

制成的粒子由溢流口回收

②压缩模式的造粒

粉

压缩（加压）

药片或药丸

模具

③液滴发生模式的造粒

喷嘴

上升气流

鼓风机

旋风捕集器

排出机

热风炉

喷雾干燥法

具有定时功能的药丸

包覆层……因其厚度不同溶解（膨润）的时间不同

白糖球形核

有机酸药物

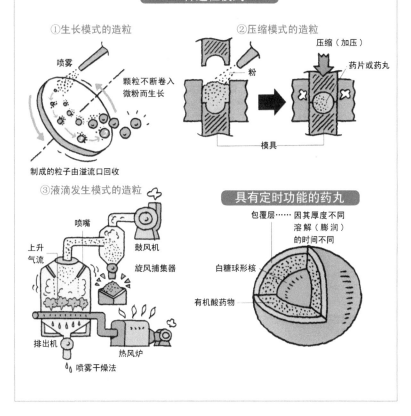

3.3.3 自足造粒

　　造粒是为了方便对粉体处理、操作、使用的目的，对其大小及形状进行整合的处理。例如，作为最终制品，古钱币有刀币，药品有丸状和锭状，还有速溶咖啡、块砂糖等食品类，饲料饼，农药及肥料等颗粒状等，无一不是按用途做成合适的形状及尺寸（粒度）。而且，在许多工业领域，为了对粉体材料的处理、反应、成形、熔融、烧结等更具可操作性，以及为确保中间处理的品质，往往都要进行造粒。

　　造粒的方式，有转动造粒、挤出造粒、压缩造粒、熔融造粒、喷雾干燥造粒、流动层造粒、破碎造粒、搅拌造粒、涂覆造粒、液相造粒、真空冻结造粒等多种不同的方式。

　　自足造粒是利用转动（振动、混合）、流化床（喷流床）和搅拌混合等操作，使装置内物粒进行自由的凝集、被覆造粒，或者在流动层中干燥的粉体中喷淋凝集用的黏结剂，使粉体发生凝集进行造粒。造粒时需要保持一定的空间。

　　含少量液体的粉体，因液体表面张力作用而凝聚。用搅拌、转动、振动或气流使干粉体流动，若再添加适量的液体黏结剂，则可像滚雪球似地使制成的粒子长大，粒子的大小可达数毫米至几十毫米。常用盘式成球机来凝聚造粒。我们元宵节吃的元宵就是由自足造粒制作的。

　　自足造粒在种类上包括：转动造粒、流动层造粒、喷流层造粒和搅拌造粒。图中给出自足造粒的各种形式。

本节重点

（1）何谓自足造粒？
（2）自足造粒有哪些方法？

自足造粒的形式

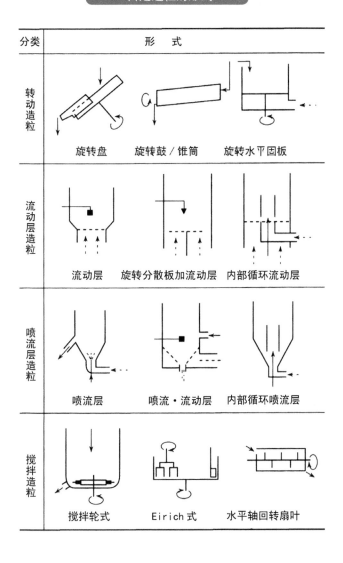

分类	形　式
转动造粒	旋转盘　　旋转鼓／锥筒　　旋转水平固板
流动层造粒	流动层　旋转分散板加流动层　内部循环流动层
喷流层造粒	喷流层　　喷流·流动层　　内部循环喷流层
搅拌造粒	搅拌轮式　　Eirich 式　　水平轴回转扇叶

3.3.4 强制造粒

强制造粒是指利用挤出、压缩、碎解和喷射等操作，有孔板、模头、编织网和喷嘴等机械因素使物料强制流动、压缩、细分化和分散冷却固化等，其中机械因素是主要影响因素。

挤压造粒法是用螺旋、活塞、辊轮、回转叶片对加湿的粉体加压，并让其通过孔板、网挤出，可制得 0.2mm 到几十毫米的颗粒。

压缩造粒法是将干燥粉体或含有粘接剂的湿润粉体，经挤出、轧辊间压缩、压块、在模具中压缩成形（如打丸）等，藉由压缩力制成圆柱状、片锭状、条块状、球状等。强制造粒机的工作模式如图所示。

粉碎造粒法是将由辊轮压缩制成的薄片，再用回转叶片粉碎制得细粒状的凝聚造粒粒子，有干法和湿法两种，其中，湿法可制得 0.1～0.3mm 的细颗粒。

此外，还有如图所示的**液滴固化造粒**的形式。

本节重点
（1）何谓强制造粒？
（2）强制造粒有哪些方法？
（3）指出液滴固化造粒的形式。

强制造粒的形式

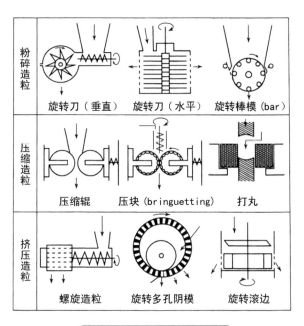

粉碎造粒	旋转刀（垂直）	旋转刀（水平）	旋转棒模（bar）
压缩造粒	压缩辊	压块（bringuetting）	打丸
挤压造粒	螺旋造粒	旋转多孔阴模	旋转滚边

液滴固化造粒的形式

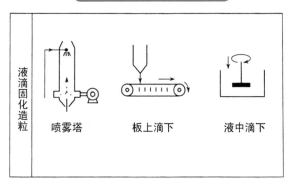

液滴固化造粒	喷雾塔	板上滴下	液中滴下

3.4 输送及供给——小粒径和高比表面积
3.4.1 各种粉体输送机

　　粉体的输送，包含使粉体从某一场所移动到其他场所的所有操作，因此，也必须同时考虑终点的贮藏、排出、供给等。由于此时粉体的性能，依粉体的种类、粒度以及粉体的存在形态等不同，存在显著差异。在实际的输送中，不考虑差异，仅靠经验，采用不合理方案的情况屡见不鲜。在此，针对这些操作中经常使用的代表性装置及机器做简要介绍。

　　输送装置分为机械输送、空气输送、水力输送几大类。在机械输送中，传送带自古以来就经常使用，其中皮带传送带使用最为普遍，常用于100m以下的比较短距离的输送，但依特殊要求，超过10km的皮带传送带也有应用。也有不用皮带而采用链条的链条传送。

　　螺杆输送装置中采用的螺杆有如图所示的各种类型，这种方法不单是输送，而且还有搅拌及混合的作用，输送长度一般可达数十米。料斗提升机又称为提斗型输送机，一般用于垂直且近距离输送，适用于各种物料，但输送量小。此外作为链条传送的一种，槽式循环链板输送装置也可适用于高温粉体。

　　图中所示的振动输送带，应不同的输送对象，可以调整振幅及周波数，具有在输送过程中可同时进行冷却、干燥、脱水等操作的特长。

　　空气输送，是利用管子中流动的空气进行粉体输送的装置，分压送式和吸引式两种。管子的直径一般为20～400mm，输送流量250t/h，输送距离最长可达2km。图中所示的气流输送型也属于空气输送的一种。

　　水力输送与空气输送的原理基本相同，管径60～300mm，输送距离最长可达400km。

本节重点

（1）粉体输送除了移动功能外还要考虑哪些方面的要求？

（2）粉体输送为了节能需要采取哪些措施？

各种粉体输送机

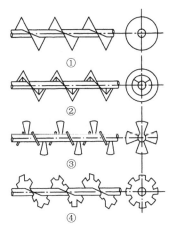

①

②

③

④

(a) 螺杆 (screw) 型

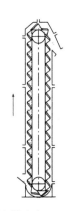

(b) 提斗 (bucket) 型

传送带或管

电动机

弹簧

曲轴振动驱动

(c) 振动传送带 (conveyer) 型

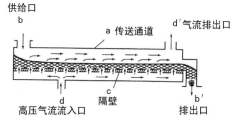

供给口
b

a 传送通道

d′气流排出口

d
高压气流流入口

c
隔壁

b′
排出口

(d) 空气输送 (airslide) 型

3.4.2　各种粉体供给（加料）机

供给装置也是粉体操作中必不可少的，图中给出各式各样的粉体供给机，包括振动加料机、往复式供给机、螺旋加料机、旋转定量给料机、圆盘给料机、皮带给料机等。其中，皮带供给机、链条供给机、螺杆供给机、振动供给机等还具有输送机的功能。旋转式供给机、旋转台式供给机等可作为微量定量供给机使用。在高压下可以使用的供给（加料）机有泄料桶式供给机等。

振动加料机根据槽和物料的运动状态可以分为惯性式和振动式两类。在惯性式振动加料机上，物料在惯性力的作用下，在任何时间内都与槽底保持接触，且沿槽底作滑落运动；在振动式振动加料机上，物料在惯性力的作用下，由槽底脱离，向上作抛掷运动，物料在料槽中作跳跃式运动。

往复式供给机由机架、底板（给料槽）、传动平台、漏斗闸门、托辊等组成。当电动机开动后，经弹性联轴器、减速器、曲柄连杆机构拖动倾斜的底板在插辊上作直线往复运动，将物料均匀地卸到运输机械或其他筛选设备上。该机设有带漏斗、带调节阀门和不带漏斗、不带调节阀门两种形式。

本节重点：粉体供给机一般兼有定量、冷却、干燥、脱水、净化等功能。

各种粉体供给机

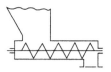

（a）振动供给机　　（b）振动圆板供给机　　（c）螺杆供给机

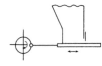

（d）旋转台式供给机　　（e）往复式供给机　（f）旋转式供给机

（g）皮带供给机　　　　（h）围裙式供给机

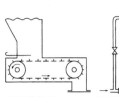

（i）链式供给机　　　（j）泄料桶式供给机

（k）螺杆式供给机　　（l）喷射式供给机　　（m）振动漏斗式供给机

3.4.3　各种干式分散机

　　所谓分散，是将粉体尽可能做成单一粒子，以便在液体及其他粉体中均匀分布，或者在形成结构的同时获得所需要的分布。但是，粉体粒子越是微细，粉体在液体中的布朗运动越是激烈，粒子之间的碰撞、合并（凝集）频频发生，由于粒子生长，其个数浓度反而会下降。也就是说，越是微细的粒子，因其附着力变强而成为凝集体，使之分散为单粒子变得越是困难。为实现微粒子凝集体的分散，一般是利用分散介质（例如空气）的加速度将粉体向流场中输送，或者利用与障碍物的碰撞冲突。

　　机械分散是指用机械力把超细粉体聚团打散的过程。必要条件是机械力（指流体的剪切力及压应力）大于粉体之间的黏着力。通常机械力是由高速旋转的气流强湍流运动而造成的。主要通过改进分散设备来提高分散率。由于是一种强制性分散方法，机械分散较易实现。相互黏结的粉体尽管可以在分散器中被打散，但颗粒之间的作用力依然存在，没有改变，从分散器中排出后又可能迅速重新黏结聚团。而且，脆性粉体被粉碎以及机械设备磨损后，分散效果有可能下降。

　　干式分散机按分散机制有下述四种类型：

　　（1）气流（加速及剪切）型：包括喷射器，文丘里管，孔板，细管，搅拌机等；

　　（2）受障碍物碰撞型：气流中的障碍物，喷嘴吹入，螺旋管等；

　　（3）机械粉碎型：流动层，脉动，旋转鼓，振动，振动（筛分），刮取等；

　　（4）复合作用型：旋转叶，旋转针棒，SAEI 式，中条式，Roller 式，Wright 式。

本节重点

　　（1）何谓分散，粉体分散的目的何在？

　　（2）为什么越是微细的粒子分散越是困难，如何实现其分散？

　　（3）干式分散机按分散机制有哪几种类型？

各种干式分散机

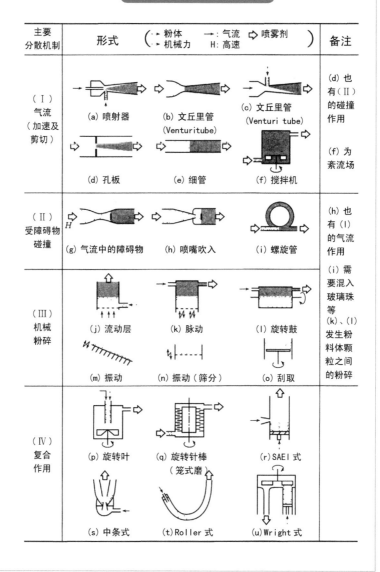

主要分散机制	形式 (⋯▸粉体 ⋯▸机械力 ──▸气流 H:高速 ⇨喷雾剂)			备注
（Ⅰ）气流（加速及剪切）	(a) 喷射器	(b) 文丘里管（Venturitube）	(c) 文丘里管（Venturi tube）	(d) 也有（Ⅱ）的碰撞作用 (f) 为紊流场
	(d) 孔板	(e) 细管	(f) 搅拌机	
（Ⅱ）受障碍物碰撞	(g) 气流中的障碍物	(h) 喷嘴吹入	(i) 螺旋管	(h) 也有（Ⅰ）的气流作用 (i) 需要混入玻璃珠等 (k)、(l) 发生粉料体颗粒之间的粉碎
（Ⅲ）机械粉碎	(j) 流动层	(k) 脉动	(l) 旋转鼓	
	(m) 振动	(n) 振动（筛分）	(o) 刮取	
（Ⅳ）复合作用	(p) 旋转叶	(q) 旋转针棒（笼式磨）	(r) SAEl 式	
	(s) 中条式	(t) Roller 式	(u) Wright 式	

3.4.4 粉体微细化所表现的性质

右图给出粉体技术所涉及的粉体颗粒状物质按尺寸大小一览，其中典型的包括：

(1) 微米级 （1 ~ 100μm）：如水泥，碳酸钙，小麦粉，复印机着色剂；

(2) 亚微米级 (0.1 ~ 1μm)：如细菌，病毒，各种颜料；

(3) 纳米级 （0.1 ~ 100nm）：如富勒烯，金属超微粒子，金属团簇，炭黑，胶质二氧化硅等。

随着粉体微细化，会表现出的性质有：①存在大量的不连续面，从而表面现象变强，粒子内部的性质被隐藏，称其为"表面支配"；②界面多，面积大，从而吸附性、反应性、溶解性、催化活性等与物质迁移现象相关的活性变强；③作为固体而存在的数量变多；④形成独自的集合状态，无论是在充填状态还是在分散状态，粒子径分布、粒子形状等都会产生微妙的影响，特别是微细粒子在气相中更容易凝聚；⑤表现出与光的波长间的相互作用；⑥显示出磁性；⑦结构缺陷增多，活性增强、反应性增大；⑧由于数量极大且各不相同，相关的现象表现出统计的特性；⑨测定评价变得困难。

本节重点

（1）指出微米级、亚微米级、纳米级粉体颗粒物的实例？

（2）随着粉体微细化，会表现出哪些性质？

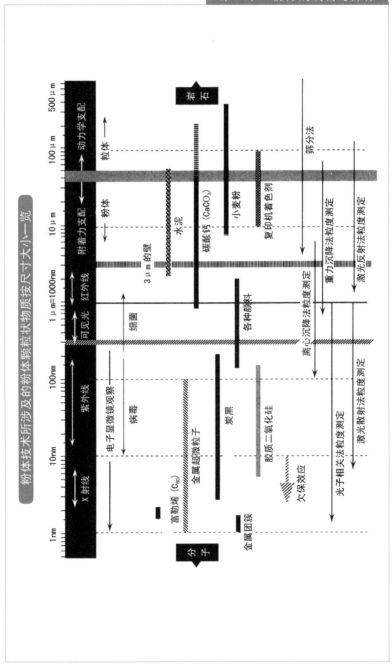

3.5 从下到上 (bottom-up)
——非机械式粉体制作方法
3.5.1 PVD 法制作粉体

PVD (physical vapor deposition) 是物理气相沉积的简称，制备过程中不伴有燃烧之类的化学反应，全过程都是物理变化过程。PVD 法主要通过蒸发、熔融、凝固、形变、粒径变化等物理变化过程来制取粉体。通过该法所制得纳米颗粒粒径一般在 5 ～ 100nm 之间。

PVD 主要分为热蒸发法和离子溅射法。其中热蒸发法方法较多，主要有真空蒸发沉积（VEROS），等离子体蒸发沉积，激光蒸发沉积，电子束蒸发沉积，电弧放电加热蒸发法，高频感应加热蒸发法。

热蒸发法的原理就是将欲制备纳米颗粒的原料加热、蒸发，使之成为原子或分子，然后再使原子或分子凝聚形成纳米颗粒。离子溅射的基本思想与热蒸发法类似，但加热及微粒产生的方式有所不同。

离子溅射将靶材料作为阴极，在两极间充入惰性气体。然后在两极加上数百伏的直流电压，惰性气体产生辉光放电，气体离子因而携带高能量撞击阴极，使靶材料原子从表面撞击出来然后黏附，从而形成纳米级颗粒。调节所施加的电流、电压和气体的压力都可以实现对纳米颗粒生成的控制。

本节重点

（1）何谓 PVD，它与 CVD 有何差异？
（2）PVD 制备粉体通常包括哪几种方法？
（3）举例说明利用 PVD 制备超微粒子的工艺过程。

利用等离子体火焰的超微粒子制造法

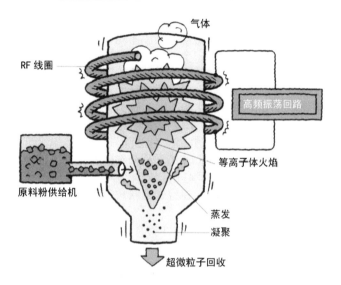

气体

RF 线圈

高频振荡回路

等离子体火焰

原料粉供给机

蒸发

凝聚

超微粒子回收

等离子体超微粒子的透射显微镜照片（Al$_2$O$_3$ 粉）

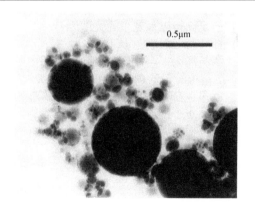

0.5μm

3.5.2 CVD法制作粉体

利用机械粉碎法制作微粉，往往会发生一些难以解决的问题。首先，生成的微粉尺寸大小不均匀，既存在粗的粒子，又能产生细的粒子。另一个问题是，只要是机械粉碎，粉碎机的部件，例如捣锤、磨球、容器壁等，因构成这些部件的材料发生磨损，不可避免地会以杂质的形式混入到被粉碎材料中。常用粉碎法机多采用铁球和不锈钢球，因此铁的混入不可避免。

对于精细陶瓷制作来说，在最终的烧结时，由于铁成分的混入会造成力学性能的降低，因此必须采取措施尽可能避免铁成分的混入。为此，人们试图采用精细陶瓷制作捣锤、磨球等，但是整个粉碎机实现100%的陶瓷化并不现实。在制作研磨剂用的碳化硅(SiC)粉体时，在经球磨粉碎后，还要利用盐酸冲洗，将铁成分清除干净。

在上述背景下，为了制作粉体尺寸大小一致，纯度高，且粒子形状可控制的微粉体，希望采用从原子、分子水平组合粉体粒子的方法。若初始原料为气体，经过伴随有凝聚、蒸发、反应等复杂的过程，就能制作出所要求的微粒子。

让我们看看图中所示二氧化钛（TiO_2）超微粒子的制作。目前，TiO_2超微粒子作为光催化剂、染料敏化太阳能电池、传感器的关键材料正获得越来越多的关注。

作为初始原料，采用的是四氯化钛（$TiCl_4$）。$TiCl_4$在室温下是液体，蒸气压高，与空气接触会发生图中所示的反应，产生钛白（TiO_2）所特有的白烟。使这种反应在数百摄氏度的高温下进行，就可以获得非常微细（数十纳米直径）的粒子。利用由分子、原子水平的凝聚、蒸发、反应等制作微粒子的方法称为化学气相沉积（CVD）。

本节重点
（1）何谓CVD，请与PVD进行优缺点对比。
（2）举例说明利用CVD制备超微粒子的工艺过程。

利用 CVD 法制作 TiO₂ 超微粒子的工艺流程

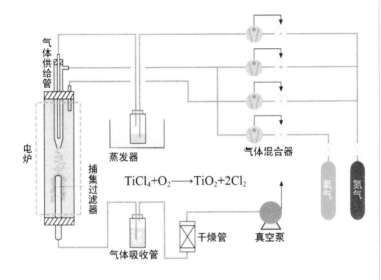

气体供给管

电炉

捕集过滤器

蒸发器

气体混合器

氧气

氮气

$TiCl_4+O_2 \longrightarrow TiO_2+2Cl_2$

气体吸收管

干燥管

真空泵

由 CVD 法制造的 TiO₂ 超微粒子

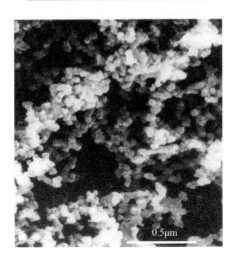

0.5μm

3.5.3 液相化学反应法制作粉体

液相反应法制备纳米颗粒的基本特点是以均相的溶液为出发点，通过各种途径完成化学反应，生成所需的溶质，再使溶质与溶剂分离，溶质形成一定形状和大小的颗粒。以此为前驱体，经过热分解及干燥后获得纳米微粒。液相中的化学反应法主要有如下 5 种。

(1) 沉淀法　沉淀法通过向含有一种或多种阳离子的可溶性盐溶液加入沉淀剂，在特定温度下使溶液发生水解或直接沉淀，形成不溶性氢氧化物、氧化物或无机盐，直接或经热分解得到所需纳米微粒。沉淀法主要分为直接沉淀法、共沉淀法、均相沉淀法、化合物沉淀法、水solvent沉淀法等。

(2) 水热法（溶剂热法）　水热法在具有高温高压反应环境的密闭高压釜内进行，提供了常压下无法得到的特殊物理化学环境，使难溶或不溶的前驱物充分溶解，形成原子或分子生长基元，进行化合，最终成核结晶，还可在反应中进行重结晶。当用有机溶剂代替水时便采用的是溶剂热法，而且还有其他优良性质，如乙二胺可先与原料螯合生成配离子，再缓慢反应析出颗粒；甲醇在做溶剂的同时可做反应中的还原剂等。

(3) 雾化水解法　雾化水解法采用的方法是将盐的超微粒子送入含金属醇盐的蒸气室，使醇盐蒸气附着于其表面，与水蒸气反应分解形成氢氧化物微粒，焙烧后得氧化物超微颗粒。

(4) 喷雾热解法　喷雾热解法将所需离子溶液用高压喷成雾状，送入反应室内按要求加热，通过化学反应生成纳米颗粒。

(5) 溶胶-凝胶法　溶胶-凝胶法采用的方法是使金属的有机或无机化合物均匀溶解于一定的溶剂中，形成金属化合物溶液，然后在催化剂和添加剂的作用下进行水解、缩聚反应，通过控制反应条件得到溶胶；溶胶在温度变化、搅拌作用、水解缩聚等化学反应和电化学平衡作用下，纳米颗粒间发生聚集而形成网状聚集体，逐渐使溶胶变为凝胶，进一步干燥、热处理后得到纳米颗粒。

本节重点
(1) 液相反应法制备粉体主要包括哪几种方法？
(2) 藉由搅拌、混合速度与化学反应速度最佳调整以制备超微粒子。
(3) 可以大批量制备成分均匀，纯净，尺寸均一的超微粒子。

均匀沉淀法制程的一例

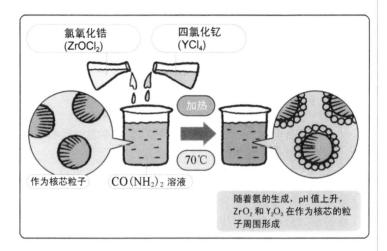

氯氧化锆 (ZrOCl₂)

四氯化钇 (YCl₄)

加热

70℃

作为核芯粒子　CO(NH₂)₂ 溶液

随着氨的生成，pH 值上升，ZrO_2 和 Y_2O_3 在作为核芯的粒子周围形成

在莫来石粒子表面析出的 ZrO_2/Y_2O_3 超微粒子

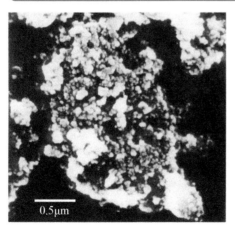

0.5μm

藉由化学反应的超微粒子的诞生

名词解释

金属醇盐：乙醇分子的羟基（OH）中的氢（H）被金属原子置换而形成的化合物。

3.5.4　界面活性剂法制作粉体

　　界面活性剂法利用两种互不相容的溶剂在表面活性剂的作用下形成均匀乳液，再从乳液中洗出固相。这样可使成核、生长、聚结、团聚等过程局限在一个微小的球形液滴内，从而可形成球形颗粒，并且可以避免颗粒之间的进一步团聚。界面活性剂法是非均相的液相合成法，优点在于粒度分布较窄并且容易控制等。

　　反应乳液一般由表面活性剂、表面活性助剂(一般为醇类)、油类（一般为碳氢化合物）和水（或电解质水溶液），并且反应体系具有各向同性。乳液分为油包水型、水包油型和双连续型，其中油包水型较常用。

　　在油包水乳液中，水滴不断地碰撞、聚集和破裂，使得溶质不断交换。碰撞过程取决于水滴在相互靠近时表面活性剂尾部的相互吸引作用以及界面的刚性。其中水常以缔合水和自由水两种形式存在（还有少量水在表面活性剂极性头间以单分子态存在）。缔合水使极性头排列紧密，自由水与之相反。在水核内形成超细颗粒的机理大致分为三类：①将两个有不同反应物的乳液混合，由于胶团颗粒间的碰撞，发生了水核内物质交换或物质传递，引起化学反应，生成颗粒；②在含有金属盐的乳液中加入还原剂生成金属纳米粒子；③将气体通入乳液的液相中充分混合，发生反应得氧化物、氢氧化物或碳酸盐沉淀。

本节重点

　　(1) 何谓界面活性剂，用于水溶液中的界面活性剂应具备什么特点?
　　(2) 界面活性剂法制备超微粒子有什么优点?
　　(3) 说明界面活性剂法形成超微粒子的机理。

表面活性剂分子的模式

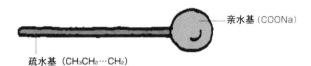

亲水基（COONa）

疏水基（CH₃CH₂…CH₂）

表面活性剂分子在水中生成胶束

在油中所形成的逆胶束

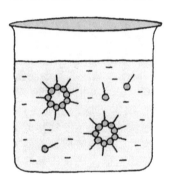

常用界面活性剂二辛基磺基琥珀酸钠（AOT）的分子式

$CH_2 \cdot COO_8H_{17}$

$CH \cdot COO_8H_{17}$

SO_3Na

名词解释

量子效应：像核外电子取不连续轨道能级那样，通常在微观世界表现出的现象，换句话说，即使在宏观世界现出，也不能用经典牛顿力学解释的现象。

3.6 粉体精细化技术
——粒度精细化及粒子形状的改善
3.6.1 粉体的喷雾干燥

图中给出小麦粒的断面结构及防紫外线（UV）化妆品的原理。

无论是由小麦粒制成高筋、中筋粉、低筋粉，由原奶制成全脂奶粉、脱脂奶粉、配方奶粉，还是由 TiO_2 粉体制成防晒霜，都需要对粉体进行复杂的精细化处理。

在人类生产和生活中，经常需要从某一种物体中除去湿分的情况，这种物体可以是固态，也可以是液态或气态。在大多数情况下物体所含的湿分是水分，也可以是其他的成分，如无机酸、有机溶剂等。除去物体中湿分的过程被称为"去湿"。通常，把采用热物理方法去湿的过程称为"干燥"，即采用加热、降湿、减压或其他能量传递的方式使物料的湿分产生挥发、冷凝、升华等相变过程，以达到与物体分离或去湿的目的。

喷雾干燥是工业生产中普遍采用的干燥技术之一，是指用喷雾的方法，使物料成为雾滴分散在热空气中，物料与热空气呈并流、逆流或混流的方式互相接触，使水分迅速蒸发，达到干燥目的。喷雾干燥器是处理溶液、悬浮液或泥浆状物料的干燥设备。按雾化方式，可将喷雾干燥分为转盘式、压力式、气流式等三种型式。

喷雾干燥在工业生产中广泛应用于陶瓷及矿粉、橡胶及塑胶、无机及有机化工产品、食品和药品的干燥过程等方面。

本节重点
(1) 指出小麦粒的断面结构。
(2) 试说明防紫外线化妆品的防晒机理。
(3) 喷雾干燥在工业生产中的应用。

小麦粒的断面结构

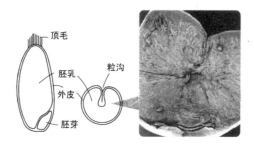

顶毛

胚乳

外皮

胚芽

粒沟

防紫外线 (UV) 化妆品的原理

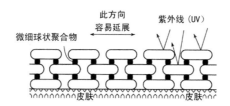

此方向
容易延展

紫外线 (UV)

微细球状聚合物

皮肤   皮肤

喷雾干燥装置的一例

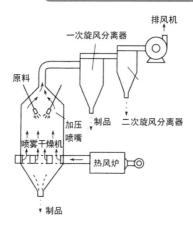

排风机

一次旋风分离器

原料

制品   二次旋风分离器

加压
喷嘴

喷雾干燥机

热风炉

制品

3.6.2 粉体颗粒附着、凝聚、固结的分类

(1) 固结性粉体 在粒化机中喷撒液态黏合剂后，粉颗粒表面附着水分，并在相邻颗粒间形成如弯月面的液体拱桥，形成粒化核。由于碰撞作用，许多粒化核黏合成为更大的凝聚体。当水分供给停止后，液体在颗粒间隙中的毛细作用加强，产生负压将颗粒拉得更紧。最后颗粒表面水分被外层干粉吸收，形成球化整粒，再经干燥处理后固结成形，成为粒化料。另外，固桥对固结也起到重要作用。

(2) 湿润粉体 在悬浮固体颗粒的液体中加入与之不互容的第二液体，第二液体应具备能使颗粒表面湿润的性质。在一定的搅拌条件下，颗粒间形成液桥，凝聚成造粒体。

(3) 微粉 一般而言，颗粒在空气中具有强烈的团聚倾向，团聚的基本原因是颗粒间存在吸引力。颗粒间无处不存在着范德瓦尔斯力，在干空气中，颗粒主要靠范德瓦尔斯力团聚在一起。

(4) 带电粉体 在干空气中大多数颗粒都是自然荷电的，当颗粒表面带有符号相反电荷时，颗粒间存在的静电吸引力使颗粒附着在一起，在加热和外力的作用下，凝聚体固结，形成粒化料。

为了防止粉体固结，一般可采用下面几种措施。

① 通过干燥空气换气进行环境控制：对于赛隆 (Sialon) 粉体贮藏十分有效。

② 减小对粉体的压力：对散装高度及袋装堆垛高度均要加以限制。

③ 粉体自身的表面改性（对浸润性，吸湿性等的改性）：减少分子间水分十分有效。

④ 添加防固结剂：如表面活性剂、结晶生长抑制剂、干燥剂等。

本节重点

(1) 不同粉体颗粒的附着、凝聚、固结特性。
(2) 促进（或破坏）粉体颗粒附着、凝聚、固结的因素有哪些？

粉体颗粒附着、凝聚、固结的分类

	分类	粉体特性	附着	凝聚	固结
I	微粉	粒径：50μm 以下 水分含量：0	附着平衡直径		
II	带电粉体	粒径：200μm 以下 水分含量：0 带负电荷	静电吸引力		熔融附着 热　力
III	湿润粉体	湿练，造粒 过滤，干燥 湿式分散	液桥		
IV	固结性粉体	吸　湿 潮　解 （金泽模式） （临界温度） ELDER 假说	液桥、固桥	液桥、固桥	固桥

带电粉体的应用——电子复印机工作原理

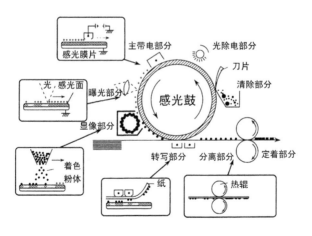

3.6.3　利用界面反应生成球形粒子的机制

　　界面反应又称微乳液法，微乳液是由油（通常为碳氢化合物）、水、表面活性剂组成的透明的、各相同性的、低黏度的热力学稳定系统。微乳液法是利用液滴中的化学反应生成固体来得到所需粉体的。可以通过液体中水体积及各种反应物浓度来控制成核、生长，以获得各种粒径的单分散纳米颗粒。制备过程：取一定量的金属盐溶液，在表面活性剂如十二烷基苯磺酸钠或硬脂酸钠的存在下加入有机溶剂，形成微乳液。再通过加入沉淀剂或其他反应试剂生成微粒相，分散于有机相中。除去其中的水分即得到化合物微粒的有机溶胶，再加热一定温度以除去表面活性剂，则可制得超细颗粒。

　　使用该法制备粉体时，影响超细颗粒制备的因素主要有以下几点。

　　（1）微乳液组成　微乳液体系对反应有关试剂的增溶能力大，可期望获得较高收率。此外，构成微乳液体系的组分，应不与试剂发生反应，也不应抑制所选定的化学反应。

　　（2）反应物浓度　适当调节反应物浓度，可控制颗粒粒径。当反应物之一过剩时，成核过程较快，生成的超细颗粒粒径也就偏小。

　　（3）微乳液滴界面膜　制备粉体时应选择合适的表面活性剂，以保证形成的反应束或微乳液颗粒在反应过程中不发生进一步聚集，成膜性能要适合，对生成的颗粒起稳定和保护作用，防止颗粒的进一步生长。

（1）界面反应法因何又称微乳液法？
（2）微乳液法是利用液滴中的化学反应生成固体来得到所需粉体。
（3）使用微乳液法制备粉体影响超细颗粒制备的因素主要有哪几个？

利用界面反应生成球形粒子

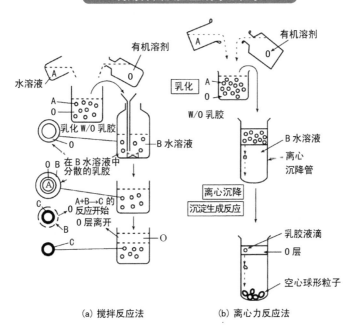

（a）搅拌反应法 （b）离心力反应法

利用界面反应法生成球形粒子的机制

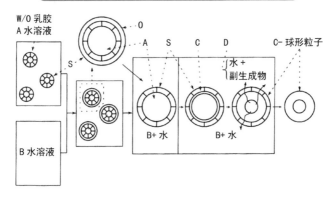

3.6.4 复合粒子的分类及其制作

最近，赋予造粒粒子各种功能的药剂得到成功开发。例如，对于老人和儿童来说，锭剂往往卡在喉头而难于服下，现在已开发出解决这一难题的锭剂。这种锭剂在进入口腔后，在唾液的作用下瞬时破碎，便与唾液一起被容易服下。还有做成点心那样的锭剂，不用水也可以服下，对于忙于工作的人来说，十分方便。

制剂方法很多，无论是采用将药物与糖类的悬浊液充入凹型容器进行冷冻干燥，还是采用方砂糖的制法，但无论哪种都要赋予其非常高的多孔性，以便更好地吸收唾液（水）。此外，所谓时限放出型颗粒剂，例如"夜饮朝效"具有定时功能的颗粒剂等各种功能的制剂，均由造粒技术成功开发出。

近年来，颗粒的功能化和复合化是粉体技术研究的热点，功能化的最好手段是**通过复合化促进其功能化**。带糖衣的药片就是一种复合粒子。糖衣的作用是使苦口的良药便于下咽。所谓复合粒子，就是一个一个进行这种操作的粒子。复合粒子依制作方法和结构的不同可分为几种不同的类型。

复合粒子的分类如右表，可分为四种大类：①表面包覆型，如同带糖衣的药片那样，芯粒子的表面被第二成分所包覆；②包埋型，芯粒子分散于第二成分的内部；③粒子混合型，芯粒子与第二成分以相同的尺寸，若干个集合在一起形成一个粒子；④分子混合型，由分子量级的混合实现复合化的粒子。

本节重点
（1）复合粒子按其结构可分为哪几种类型？
（2）指出复合粒子在日常生活中的应用。
（3）介绍利用气相法制作复合粒子的过程。

复合粒子的分类

	分类	示意图	说明
①	表面包覆型		芯粒子表面被第二种成分包覆
②	包埋型		芯粒子在第二种成分内部包埋
③	粒子混合型		芯粒子与第二种成分在粒子尺寸层次上复合化
④	分子混合型		芯粒子成分与第二种成分在分子层次上复合化

利用气相法制作复合粒子的过程

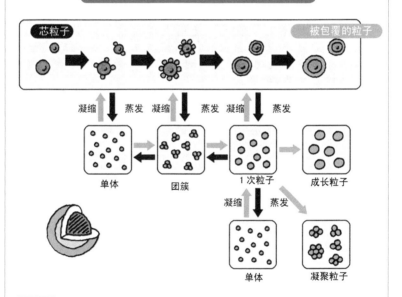

名词解释

团簇（cluster）：由单体从 100 至 1000 个左右集合在一起的状态。由于单体通常会往复发生凝缩蒸发，团簇通常处于非常不稳定的状态。

书角茶桌

沙尘暴和"核冬天"

春光明媚，百花盛开，本来是郊游踏春的季节，但遮天蔽日的沙尘暴却令人扫兴。

沙尘暴是沙暴和尘暴二者的总称，是指强风把地面大量沙尘物质吹起并卷入空中，使空气特别混浊，水平能见度小于 1km 的严重风沙天气现象。其中沙暴系指大风把大量沙粒吹入近地层所形成的挟沙风暴；尘暴则是大风把大量尘埃及其他细颗粒物卷入高空所形成的风暴。

沙尘暴的根源是内陆干燥地带及黄土高原的微细沙尘，在植被干枯、多风少雨的初春季节，受强风吹动而漫天飞舞，乘着西北风，越过华北上空，漂洋过海。

粉尘随处可见。如土壤、岩石风化后形成许多细小的沙尘，它们伴随着花粉、孢子以及其他有机颗粒在空中随风飘荡；工业生产和交通运输会产生许多尘粒；燃烧柴草、煤等生成的烟尘；面粉加工产生的扬尘；采石场破碎作业产生的矿尘，火山爆发引发的火山灰等。

所谓"核冬天"假说，是指大规模核爆炸引起的粉尘或因大火产生的浓烟会长时间遮挡住阳光，使地球处于黑暗和严寒之中，植物无法进行光合作用，导致生物链断裂，威胁动植物的生存。

公元 6 世纪，地球上首次爆发的黑死病席卷了整个罗马帝国。这场瘟疫持续近 60 年，死亡人数近 1 亿人，导致了东罗马帝国在公元 7 世纪的崩溃。这场浩劫的起因是什么呢？答案一直扑朔迷离。

英国科学家最新研究发现，爆发的黑死病可能起源于一颗小彗星的爆炸。

在彗星高速进入地球大气层后，在其后形成一个真空区，在强大的不平衡的空气压力之下，彗星最终发生大爆炸，造成灰尘遮天蔽日，引起全球"核冬天"——农作物绝收，食不果腹的人畜尸殍遍野，幸存者也由于身体对疾病的抵抗力下降而接连病倒。

第 4 章

粉体的应用

书角茶桌

　　PM10 和 PM2.5

4.1 日常生活用的粉体
4.1.1 主妇的一天——日常生活中的粉体

让我们看看年轻主妇一天的生活：照顾婴儿、下厨做饭、打扫洗涤、化妆购物，几乎时时处处都离不开粉体。

婴儿爽身粉的主要成分为滑石粉。原料滑石是天然矿藏，可能存在破伤风孢子，因而滑石粉必须先经加热、γ-射线、环氧乙烷（或丙烷）消毒，而含有透闪石的滑石粉是禁止使用的。滑石晶体是平滑的平面六边形构造，摩擦系数较低，因而在皮肤上有良好的涂布性。

化妆品中粉体的主要作用是渗入皮肤表面，掩盖皱纹等美化功效。化妆品用的粉体可以分为无机颜料（体质颜料、白色颜料、彩色颜料）、有机颜料、天然颜料、珠光颜料等。大部分的粉体表面都带有羟基，因为这种特性，化妆层很容易被人体的汗水或油脂弄花。为了改善这种现象，可以使用表面处理物质与羟基进行化学结合，让粉体表面拥有疏水性。对粉体进行表面处理的另外一个目的是，提升原料的分散性，改善原料的耐光性、耐溶剂性、抑制表面活性等，并赋予其新的使用感觉特性。

在防晒霜中混入大量超微二氧化钛粒子，可以起到防紫外线的作用。纳米二氧化钛无毒、无味，吸收紫外线能力强，对长波和中波紫外线都具有较好的屏蔽作用。其中纳米二氧化钛的粒径对紫外线的吸收能力和遮盖力影响很大，一般30～50nm粒径为最佳。在作为防晒物质的应用中，为了封闭纳米二氧化钛的催化活性，提高耐候性、稳定性及在不同介质中的分散性，需要用无机物对纳米二氧化钛进行表面处理。

本节重点

(1) 举例说明粉体在日常生活中的应用。
(2) 婴儿爽身粉的主要成分是什么，为什么抹在婴儿身上有滑爽之感？

生活中常用的粉体的电子显微镜照片

婴儿爽身粉

主成分是黏土矿物的滑石，由于片状的粒子形状，贴在婴儿身体上有滑爽之感

山慈菇淀粉

山慈菇根茎淀粉

食盐

反映 NaCl 的立方晶系晶体结构，因此粉体颗粒呈立方体形状

防晒霜

防晒霜中混入大量超微粒子 TiO_2，起防紫外线的作用

名词解释

沸石（geolite）：晶态无机多孔材料，其中均匀的分子级的细孔呈规则取向排列。广泛用于催化剂、吸附剂、离子交换等各种不同领域。

4.1.2 食品、调味品中的粉体
——绵白糖与砂糖的对比

先把甘蔗或甜菜压出汁，滤去杂质，再往滤液中加适量的石灰水，中和其中所含的酸（因为在酸性条件下蔗糖容易水解成葡萄糖和果糖），再过滤，除去沉淀，将滤液通入二氧化碳，使石灰水沉淀成碳酸钙，再重复过滤，所得到的滤液就是蔗糖的水溶液了。将蔗糖水放在真空器里减压蒸发、浓缩、冷却，就有红棕色略带黏性的结晶析出，这就是红糖。想制造绵白糖，须将红糖溶于水，加入适量的骨炭或活性炭，将红糖水中的有色物质吸附，再过滤、加热、浓缩、冷却滤液，就得到了绵白糖。

砂糖是从甘蔗或甜菜中提取糖汁，经过滤、沉淀、蒸发、结晶、脱色和干燥等工艺而制成。为白色粒状晶体，纯度高，蔗糖含量在99％以上，按其晶粒大小又分粗砂、中砂和细砂。图中给出绵白糖和砂糖的扫描电子显微镜照片。

以绵白糖和砂糖为例，可以从①沉降性，②可湿性，③分散性，④溶解性等几个方面比较食品、调味品中的粉体的特性。

把这四个性质完全分离，使其各个都向好的方向改进是困难的。实际上粒子直径越小，溶解性越高。反之沉降性就会变坏。这四个性质应有一个合适的配合关系。

本节重点

(1) 简述红糖、绵白糖、砂糖的制备过程。
(2) 由附着力（包括分子间力、浮力等）与自重间的关系决定沉浮。

绵白糖和砂糖的扫描电子显微镜照片

绵白糖

砂糖

附着力和自重的关系

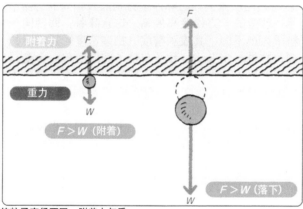

依粒子直径不同，附着力与重力间的关系会发生变化

名词解释

分子间（作用）力：分子与分子之间所作用的引力。即使在宏观的物质间也作为附着力而存在。

4.1.3 粉体粒子的附着现象

所谓附着现象是指粉体粒子与容器壁（通常是固体）相接触，分子接近到一定程度时因相互吸引，从而产生的一种粉体粒子发生聚集，附着在容器壁表面形成附着层的现象。

粉体之所以区别于一般固体而呈独立物态，一方面是因为它是细化了的固体；另一方面，在接触点上它与其他粒子间有相互作用力存在，从日常现象可以观察到这种引力或结合力。如吸附于固体表面的颗粒，只要有一个很小的力就可使它们分开，但这种现象会反复出现。这表明二者之间存在着使之结合得并不牢的外力。此外，颗粒之间也会相互附着而形成团聚体。

在颗粒间无夹杂物时，粉体粒子的附着受到范德瓦尔斯力、静电力和磁场力的影响。由于粉体是小于一定粒径的颗粒集合，不能忽视分子间作用力，其主要包括三方面，即取向作用、诱导作用和色散作用。干燥颗粒表面带电，产生静电力。

若将相同质量的沙粒和沙尘分别放入相同的容器中，如图中所示，沙尘的一方松装高度高。这意味着，即使同一种物质由于粒子大小不同，其表观密度（松装密度）是不同的。随着粒子的尺寸进一步变小，粒子与粒子间的附着力会变得比粒子自身的重量更大，当将粒子放入容器中时，粒子靠自重发生沉降，但由于附着力的存在，会阻止粒子沉降进一步发生。

假设填充结构相似，当粒子无附着现象时，那么填充在容器中的粒子松装密度与粒子的大小无关，都是相同的。而当粒子有附着现象时，粒子直径越小，由于粒子附着的影响，则松装密度越低。

本节重点
（1）何谓粉体粒子的附着现象？
（2）粉体粒子的附着是由于哪些力的相互作用？
（3）粉体粒子的附着现象对其松装密度的影响？

粉体粒子的附着现象

发生聚集、附着作用的粉体

沙尘　　沙粒

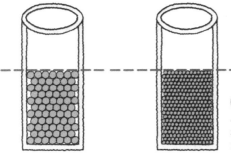

无附着粒子的填充

假设填充结构相似，则松装密度与粒子的大小无关，都是相同的

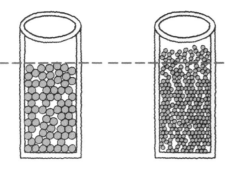

有附着粒子的填充

粒子直径越小，则松装密度越低

4.1.4　古人用沙子制作的防盗墓机构

在底部用纸塞住的圆筒容器中，放入 5cm 左右高的颗粒状的砂糖，从上部用活塞压，发现用很大的力压，纸也不破坏；贮存谷物和水泥的仓筒中也出现同样的现象，在几十米深的粉体层的底部，只出现与深度无关的一定的压力。

这是因为由活塞所加的力，或者粉体层自重，同与仓筒壁面的摩擦力相平衡所致。

在直径 5m、高 50m 的仓筒中，完全注满水的情况，水压与深度成正比增加，在仓筒底部，会发生大约 5 个大气压的水压。而在放入小麦粉的情况下，若采用一般的摩擦系数及松装密度，底部仅产生 1.2 个大气压的压力。

智慧卓越的古代人民发明了一种用沙子制作的防盗墓机构，利用了上方产生的力不会逐层下传到粉体层的下方这一原理。

譬如埃及金字塔中用沙子设置的防盗墓机构，支撑天井石的立柱的载荷由下方的沙子层承担，一旦陶瓷制的托被破坏（下滑石使然），沙子层流出，立柱下落，巨石落下，会完全堵塞通路，使得盗墓贼有来无回。

另外，中国古代有积沙墓，又称积砂墓，是为防盗而采用沙土填充墓穴的一种墓葬形制，有时还会在沙土中填入石块，构成积石积沙墓。积沙墓的构筑方式一般是在椁室两侧和邻近两墓道处，以巨石砌墙，墙内填充大量的细沙，最后再填土夯实。如果被盗，最下面的墓砖一被打碎，沙子就会流进墓室，当沙子逐渐流空之后，架在沙子上面的石头便砸向墓室的顶部，从而将盗贼压在墓室中，起到防盗的作用。

本节重点

（1）粉体与液体不同，上方产生的力不会逐层下传到粉体层的底部。
（2）古埃及人用沙子制作防盗墓机构。
（3）我国古代采用的积沙墓是如何起防盗作用的？

上方产生的力不会逐层下传到粉体层的底部

粉体厚度哪怕只有大约5cm，也不会使纸破坏

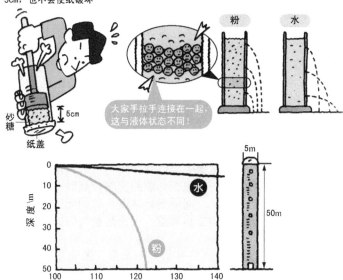

砂糖

纸盖

5cm

粉 水

大家手拉手连接在一起，这与液体状态不同！

深度 \m

仓筒内部的粉体压力 /kPa

5m

50m

埃及金字塔中用沙子层设置的防盗墓机构

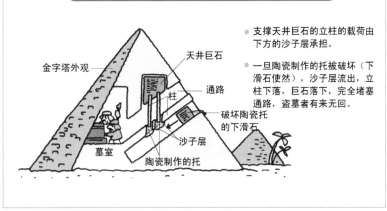

金字塔外观

天井巨石

通路

柱

破坏陶瓷托的下滑石

沙子层

陶瓷制作的托

墓室

● 支撑天井巨石的立柱的载荷由下方的沙子层承担。

● 一旦陶瓷制作的托被破坏（下滑石使然），沙子层流出，立柱下落，巨石落下，完全堵塞通路，盗墓者有来无回。

4.2　粉体在高新技术中的应用

4.2.1　液晶显示器中的隔离子

　　液晶显示器（LCD），主要由背光源、前后偏振片、前后玻璃基板、封接边及液晶等几大部件构成。由于它显示质量高，没有电磁辐射，可视面积大，画面效果好，功率消耗小，因而正被广泛地应用于我们的日常生活中，手机、电脑、电视等几乎都用液晶显示器。

　　在液晶显示屏中，前后玻璃基板间被液晶充满的区域里要放置隔离子，又称间隔剂，间隔体。隔离子的作用是保持前后玻璃基板的间距，即液晶层的厚度一致。隔离子一般由聚苯乙烯（或二氧化硅）制作，对其基本要求是尺寸要一致。

　　隔离子多为圆球形，粒径一般在 3～7μm，具有弹性的组织。它均匀喷撒在基板上，以获得均匀的液晶厚度，作用类似于大房间中的梁柱。间隔剂分散的密度较高时可以得到较均匀的液晶盒厚度；反之，间隔剂分散度大时则无法保证均匀的液晶层厚度，从而影响显示质量。因此适量均匀的间隔剂洒布非常重要。

　　目前以洒式散布法较容易控制密度。要先洒上间隔剂，固上框胶后才可以进行彩色滤光片（CF，color filter）基板及薄膜晶体管（TFT，thin film transistor）基板的封装组合，以得到均匀的面板间距。

（1）TFT LCD 电视液晶屏中的隔离子起什么作用？

（2）指出隔离子材料及形状。

（3）目前隔离子是以何种材料、何种结构使用的？

液晶屏的构造

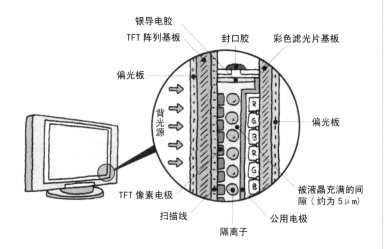

银导电胶
TFT 阵列基板
封口胶
彩色滤光片基板
偏光板
背光源
偏光板
TFT 像素电极
扫描线
隔离子
公用电极
被液晶充满的间隙（约为 5μm）

前后玻璃基板的隔离子

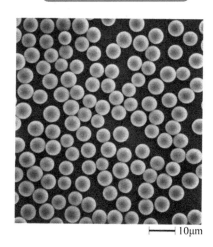

10μm

4.2.2 CMP 用研磨剂

CMP（chemical-mechanical polishing），即化学机械抛光，又称化学机械平坦化（chemical-mechanical planarization），是半导体器件制造工艺中的一种技术，用来对正在加工中的硅片或其他衬底材料进行平坦化处理。

该技术于 20 世纪 90 年代前期开始被引入半导体硅晶圆工序，从氧化膜等层间绝缘膜开始，推广到聚合硅电极、导通用的钨插塞（W-plug）、STI（元件隔离），而在与器件的高性能化同时引进的铜布线工艺技术方面，现在已经成为关键技术之一。虽然目前有多种平坦化技术，同时很多更为先进的平坦化技术也在研究当中崭露头角，但是化学机械抛光已经被证明是目前最佳也是唯一能够实现全局平坦化的技术。

在化学机械抛光中，需要使用的一种重要材料即为 CMP 用研磨剂。它是在利用化学机械抛光技术对半导体材料进行加工过程中所使用的一种研磨液体，由于研磨剂是 CMP 的关键要素之一，它的性能直接影响抛光后表面的质量，因此它也成为半导体制造中的重要的、必不可少的辅助材料。

CMP 用研磨剂的组成一般包括超细固体粒子研磨剂（如纳米 SiO_2、CeO_2、Al_2O_3 粒子等）、表面活性剂、稳定剂、氧化剂等。固体粒子提供研磨作用，化学氧化剂提供腐蚀溶解作用，由于 SiO_2 粒子去除率最高，得到的表面质量最好，因此在硅片抛光加工中主要采用 SiO_2 研磨剂。

CMP 用研磨剂作为半导体工艺中的辅助材料，在抛光片和分立器件制造过程的抛光过程中被大量使用。因此，研磨剂主要应用于半导体行业（抛光片和分立器件）、集成电路行业和电子信息产业。

本节重点

（1）何谓 CMP，请介绍 CMP 的工作原理。
（2）对 CMP 用研磨剂有哪些要求？
（3）介绍 CMP 在金属布线大马士革工艺中的应用。

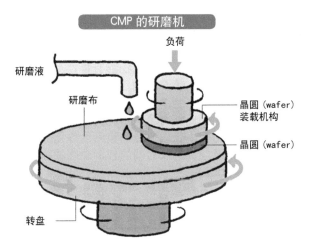

CMP 的研磨机

负荷

研磨液

研磨布

晶圆（wafer）装载机构

晶圆（wafer）

转盘

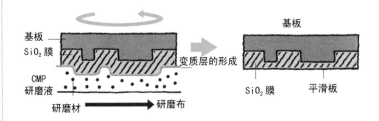

CMP 的原理

基板

SiO_2 膜

CMP 研磨液

研磨材　　研磨布

变质层的形成

基板

SiO_2 膜　　　平滑板

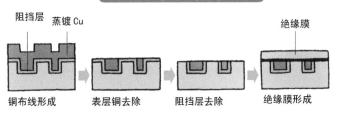

金属布线的大马氏革工艺

阻挡层　蒸镀 Cu

绝缘膜

铜布线形成　　表层铜去除　　阻挡层去除　　绝缘膜形成

4.2.3 粉体技术用于缓释性药物

许多药物必须要在一日内服用多次。随着持效型药物的开发，若能将服药次数减少到每日一次，对于长期服药者来说将是莫大的福音。同时，不少药物都有毒性，为了尽量少或不产生负作用，对药量必须严格调整。例如，对于溶解性好、短时间内即可被吸收的药物来说，药在血液中的浓度急剧上升，负作用立即显现。因此，为了得到优良的治疗效果，必须使药物分子在必要的时间、仅以必要的量到达作用部位。这种具有药物放出量控制及空间的和时间的控制功能的药物系统被称为**药物送达系统**（DDS）。

近年来，在胃中缓缓溶解，而在肠中全部溶解的药物，在到达目的场所之前基本上不溶的**缓放型药物**被陆续开发出来。首先，藉由造粒技术，在由结晶性纤维素等制作的核心粒子的外侧，包覆药剂层，进一步在其外侧涂覆非水溶性的缓释性膜。在水中（胃液）外覆膜不溶解而发生膨润，水浸透粒子中，使内部的药物部分溶解并缓慢放出。药物溶解向着内部徐徐进行，在大约 8h 内全部放出，最后只剩下核心粒子和覆膜。

最近，DDS 向着智能化方向进展，使药物选择性地作用于标的部位的**空间靶标型制剂**，以及响应刺激及随时间而作用的**时间靶标型制剂**都正在开发中。作为其母材，磁性粒子、受温度及 pH 等的刺激会产生膨胀（收缩）的刺激响应性聚合物粒子备受期待。同时，如图所示的具有自动反馈功能的终极型 DDS 的开发也在进行之中。

目前人们正在积极开发可瞄准标靶的，被称为"向量"的微胶囊技术。该"向量"具有壳—核结构，其中"壳"具有进入原细胞的性质，"核"采用称作核蛋白体的脂质球等。通过在这些粒子内部埋入人工合成的反向序列 DNA，将其送至病患处，实现靶向给药。

（1）请说明缓释性药物的结构及制作方法。
（2）介绍智能化药物送达系统（DDS）的工作原理。

受控制的药物释放

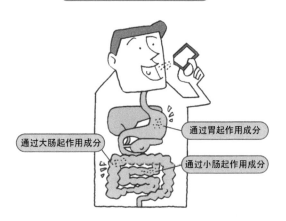

通过大肠起作用成分

通过胃起作用成分

通过小肠起作用成分

缓释性药物的结构及作用原理

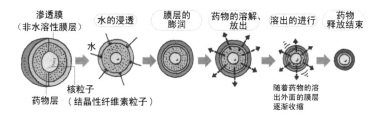

渗透膜
（非水溶性膜层）

水的浸透

膜层的膨润

药物的溶解、放出

溶出的进行

药物释放结束

水

核粒子
（结晶性纤维素粒子）

药物层

随着药物的溶出外面的膜层逐渐收缩

理想的 DDS

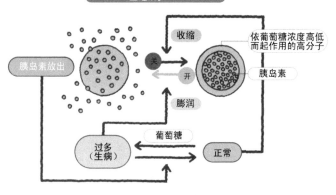

收缩

依葡萄糖浓度高低而起作用的高分子

胰岛素放出

关

开

胰岛素

膨润

葡萄糖

过多（生病）

正常

4.2.4　粉体技术用于癌细胞分离

　　纳米级药物粒子可分为两类：纳米载体系统和纳米晶体系统。纳米载体系统是指通过某些物理化学方法制得的药物和聚合物共聚的载体系统，如纳米脂质体，聚合物纳米囊，纳米球等；纳米晶体系统则指通过纳米粉体技术将原料药物加工成纳米级别的粒子群，或称纳米粉，这实际上是微粉化技术的再发展。

　　纳米粒子是由高分子物质组成的骨架实体，药物可以溶解、包裹于其中或吸附在实体上。纳米粒子可分为骨架实体型的纳米球和膜－壳药库型的纳米囊。经典药物剂型（如片剂、软膏、注射剂）不能调整药物在体内的行为（即分布和消除），而药物与纳米囊（球）载体结合后，可隐藏药物的理化特性，因此其在人体内的过程依赖于载体的理化特性。纳米囊（球）对肝、脾或骨髓等部位具有靶向性。这些特性在疑难病的治疗及新剂型的研究中得到广泛关注。

　　作为抗癌药的载体是其最有价值的用途之一。纳米囊（球）直径小于100nm时能够到达肝薄壁的细胞组织，能从肿瘤有间隙的内皮组织血管中逸出而滞留肿瘤内，肿瘤的血管壁对纳米囊（球）有生物黏附性，如聚氰基丙烯酸烷酯纳米球易聚集在一些肿瘤内，提高药效，降低毒副作用。

　　图中所示即为利用抗原抗体的酶素免疫测定法的应用，以及备受期待的将癌细胞变成磁性粒子进行分离的一例。由体内送出的骨髓液藉由只与癌细胞结合的抗体处理，则在磁性粒子的表面，就会附着只与这种抗体结合的抗原抗体，由于癌细胞与磁性粒子结合而被分离，只有正常的细胞返回体内。

本节重点

（1）由静电成膜法形成的多孔质膜可进行细胞分离。
（2）采用凝胶过滤方法可将正常细胞与癌细胞分离。
（3）将癌细胞变成磁性粒子，用磁铁即可将其分离。

由静电成膜法形成的多孔质膜的表面形貌

5μm

将癌细胞变成磁性粒子进行分离

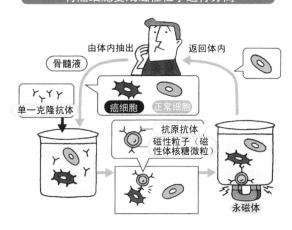

由体内抽出　　返回体内

骨髓液

单一克隆抗体

癌细胞　正常细胞

抗原抗体
磁性粒子（磁性体核糖微粒）

永磁体

凝胶过滤的原理

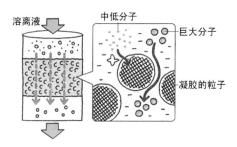

溶离液　　中低分子　　巨大分子

凝胶的粒子

书角茶桌

PM10 和 PM2.5

粉尘是固体物质细微颗粒的总称。

粉尘的颗粒细至 $0.1\mu m$，粗到数毫米。按国际标准化组织规定，粒径小于 $75\mu m$ 的固体悬浮物定义为粉尘，但是，与粉尘类似的名称还有粉末、灰尘、尘埃，实际上，它们的含义没有明显的大小界限。平常看到的烟尘或烟雾，粒度一般在 $1\mu m$ 以下，甚至在 $0.5\mu m$ 以下。

2011 年 11 月 1 日，我国环保部门实施新的《环境空气 PM10 和 PM2.5 的测定——重量法》。在大气污染控制中，根据大气中粉尘颗粒的大小可分为以下 4 类。

（1）总悬浮颗粒物　悬浮在空中的粒径 $\leqslant 100\mu m$ 的颗粒物，称为总悬浮颗粒物（TSP），是大气污染的主要指标。细颗粒物的化学成分主要包括有机碳、元素碳、硝酸盐、硫酸盐、铵盐、钠盐等。

（2）降尘　当颗粒直径 $\geqslant 10\mu m$ 时，在重力作用下，可在较短的时间内沉降到地面，所以称其为降尘。

（3）PM10 和 PM2.5　PM，即颗粒物（particulate matter）简称。PM10 是指直径 $\leqslant 10\mu m$ 的悬浮状固体颗粒物。它能长期漂浮在大气中，有时也称飘尘、飘浮粉尘，或可吸入颗粒物。它可吸入呼吸道，对人体危害较大。

PM2.5 是指颗直径 $\leqslant 2.5\mu m$ 的颗粒物，又称细颗粒物，可入肺，因其对人体危害更大，因此将其单独列出。PM2.5 的组成十分复杂，是各种固体细颗粒和液滴的"大杂烩"。

由于 PM2.5 粒径较小，人体的鼻腔、咽喉已经挡不住它，所以其能进入呼吸道的深部，直接损伤肺泡，导致肺部病变，再通过肺泡壁进入毛细血管，再进入整个血液循环系统。对人体的呼吸系统和心血管系统造成伤害。

（4）粉尘化学种类　粉尘还可以根据其化学机构特征，分为无机粉尘和有机粉尘两大类。无机粉尘包括矿物性粉尘（如石英、石棉、滑石、煤）、金属性粉尘（如铁、锰、铅、锌）、人工无机粉尘（如金刚砂、水泥、玻璃纤维）等；有机粉尘包括动物性粉尘（如毛、丝、骨质）、植物性粉尘（如棉、麻、草、甘蔗、谷物、木、茶）、人工有机粉尘（如有机农药、染料、树脂、橡胶、纤维）等。

第 **5** 章

纳米材料和纳米技术

书角茶桌

纳米材料

5.1 纳米概念及相关技术

5.1.1 为什么"纳米"范围定义为 1 ～ 100nm

纳米是英文 namometer 的译音，是一个物理学上的度量单位，简写是 nm（1nm=10^{-9}m）。1nm 是 1m 的十亿分之一，相当于四、五个原子排列起来的长度。通俗一点说，相当于万分之一头发丝粗细。就像毫米、微米一样，纳米是一个尺度概念，并没有物理内涵。

但是，无论材料还是技术，一旦尺度进入纳米层次，就会产生许多新的效应，因此也被赋予全新的涵义。纳米材料是指，在三维空间中至少有一维处于纳米尺度范围（1 ～ 100nm）或由它们作为基本单元而构成的材料。按通用说法，一维纳米材料为纳米线，二维纳米材料为纳米薄膜，三维纳米材料为纳米粉体。纳米尺度范围定义为 1 ～ 100nm，大约相当于 10 ～ 1000 个原子紧密排列在一起的尺度。与纳米材料相对应，涉及纳米尺度的各种技术统称为纳米技术。

"无论什么东西，一旦微缩到 100nm 以下就会呈现全新的特性，世间万物皆如此。"美国西北大学化学教授查德·米尔金说。这就使得纳米粒子成为未来材料。与较大的粒子相比，它们有着奇特的化学和物理特性。纳米粒子的关键在于其尺寸。

纳米物质的尺寸使原子之间和它们的组分之间发生独特的相互作用，这种相互作用有好几种方式。就非生物纳米粒子来说，不妨拿保龄球打比方，绝大多数原子都在球内，有限的原子在球的表面与空气和木质球道接触。

米尔金解释，球内的原子互相之间发生作用，而球面的原子是与其他不同原子相互作用。现在把这个球缩小到分子大小。"缩得越小，球面原子与球内原子的比率就越高，当球体较大时，表面的原子相对而言微不足道。但是到了纳米尺寸，颗粒可能会几乎全是表面，那些原子就会对材料的总体特性产生重大影响。"

本节重点

（1）何谓纳米，指出以"纳米"为特征尺寸的物质及技术的实例。
（2）为什么将"纳米颗粒"的尺寸范围定义为 1~100nm？
（3）着眼于空间维数，纳米材料可分为哪几类？

颗粒越小，表面原子所占比例越大

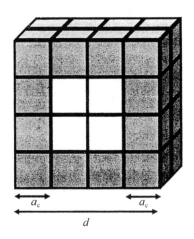

纳米颗粒尺寸定义为 1 ～ 100nm 的理由

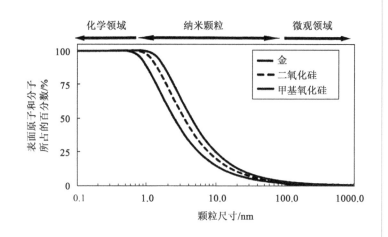

5.1.2 纳米材料应用实例

　　有人把纳米材料称为"工业味精"，因为把它"撒入"许多传统老产品中，会使之"旧貌换新颜"；砧板、抹布、瓷砖、地铁磁卡，这些小东西上一旦加入纳米微粒，可以除味杀菌；用"拌入"纳米微粒的水泥、混凝土建成楼房，可以吸收降解汽车尾气，城市的钢筋水泥从此能和森林一样"深呼吸"；在合成纤维树脂中"添加"纳米 SiO_2、纳米 ZnO、纳米 TiO_2 复合粉体材料，经抽丝、织布，可制得满足国防工业要求的抗紫外线辐射的功能纤维；将纳米 TiO_2 粉体按一定比例"加入"到化妆品中，可以有效遮蔽紫外线；将金属纳米粒子"掺杂"到化纤制品或纸张中，可以大大降低静电作用；利用纳米微粒构成的海绵体状的轻烧结体，可用于气体同位素、混合稀有气体及有机化合物等的分离和浓缩。

　　此外，利用某些纳米微粒的比表面积大，从而使反应更彻底的特性，可制造更高效的太阳能电池、热电发电器和超级电容。研究发现，生物体的骨骼、牙齿和肌腱等都存在着纳米结构，利用这一性质，人们发明纳米生物骨材料用于临床治疗。纳米材料由于具有量子尺寸效应、宏观量子隧道效应以及界面效应等作用，其在光、电、磁等物理性质方面发生质的变化，不仅磁损耗增大，而且兼具吸波、透波、偏振等多种功能，并且可以与结构复合材料或结构吸波材料复合，使其在解决电磁污染方面大显身手，它也可用于隐形飞机，帮助完成侦查任务。

（1）指出纳米材料用于日常生活的实例。
（2）结合图示，指出生物纳米材料的形态及特征。

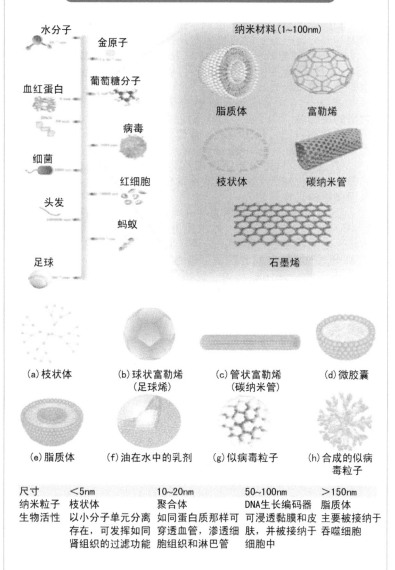

生物纳米材料的形态及特征

纳米材料(1~100nm)

水分子
金原子
葡萄糖分子
血红蛋白
病毒
细菌
红细胞
头发
蚂蚁
足球

脂质体
富勒烯
枝状体
碳纳米管
石墨烯

(a)枝状体

(b)球状富勒烯
(足球烯)

(c)管状富勒烯
(碳纳米管)

(d)微胶囊

(e)脂质体

(f)油在水中的乳剂

(g)似病毒粒子

(h)合成的似病毒粒子

尺寸	<5nm	10~20nm	50~100nm	>150nm
纳米粒子	枝状体	聚合体	DNA生长编码器	脂质体
生物活性	以小分子单元分离存在，可发挥如同肾组织的过滤功能	如同蛋白质那样可穿透血管，渗透细胞组织和淋巴管	可浸透黏膜和皮肤，并被接纳于细胞中	主要被接纳于吞噬细胞

5.1.3 如何用光窥视纳米世界

光是电磁波的一种。为了利用波获得物体的像，必须采用波长比物体更小的波。否则，由于衍射作用，由小区域发出的大约二分之一波长的波也会向外扩展。

可见光的波长分布在 380～780nm，用可见光对尺寸只有几纳米的分子直接摄像当然是不可能的。但是，若合理使用光，也能窥视纳米世界。

方法一：对着比波长更小的开口部射入光，**利用开口衍射出的电磁波**（由于在 100nm 附近发生衰减故称之为消散场）进行观测的方法。藉由该微小开口部的扫描，可以获得分辨率为 20nm 的图像。

方法二：利用激光照射被称为检出悬臂的探针，将探针的微小位移，放大为激光束的移动量。这种方法利用的是**原子力显微镜**的工作原理。

方法三：用强光照射直径 1nm 左右的玻璃微珠，对像进行 500 倍左右的强放大，再由光电二极管或 CCD 相机写入的方法。若对信号进行很好的处理，能对 1nm 以下的位移在高于 1000 分之一秒的时间分辨率下检出。

进一步，采用被称为"光镊子"的技术，可将微珠捕捉在激光的焦点附近。"光镊子"采用非接触的方式就可以对细胞及细胞内的颗粒进行摘取和操作。由于"光镊子"的引力大小与距捕捉中心的距离成正比，故也称之为微小的弹簧称。

如果能对位移进行纳米精度的测定，就可以求出微小的力。藉由与生物体分子"拔河"，已经能测出由分子发生的几皮牛顿（pN，1 角硬币所受重力的大约 10^{-7}）的力。

本节重点

（1）接近场扫描荧光显微镜的工作原理。
（2）原子力显微镜的工作原理。
（3）如何利用光镊子移动生物体分子。

接近场扫描荧光显微镜

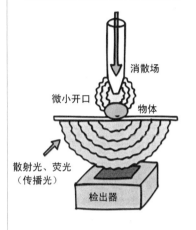

消散场

微小开口

物体

散射光、荧光
（传播光）

检出器

原子力显微镜

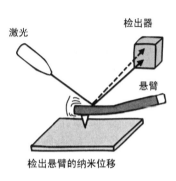

激光

检出器

悬臂

检出悬臂的纳米位移

利用光镊子移动生物分子

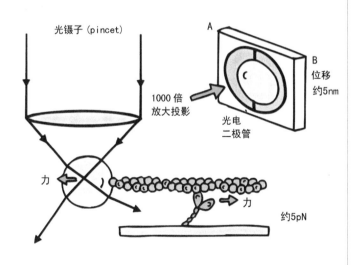

光镊子（pincet）

1000 倍
放大投影

力

力

A

B
位移
约5nm

光电
二极管

约5pN

5.1.4　对原子、分子进行直接操作

　　扫描隧道显微镜（STM）及原子力显微镜（AFM）等扫描型探针显微镜不仅能观察一个一个的原子或分子，而且，藉由 STM 及 AFM 所用尖锐的前端，还可以吸引、提取、移动甚至组装一个一个的原子或分子。

　　用 STM 及 AFM 进行单原子操纵主要包括三个部分，即单原子的提取、移动和放置。使用 STM 及 AFM 进行单原子操纵的较为普遍的方法是在其针尖和样品表面之间施加一适当幅值和宽度的电压脉冲，一般为数伏电压和数十毫秒宽度。由于针尖和样品表面之间的距离非常接近，仅为 0.3～1.0nm。因此在电压脉冲的作用下，将会在针尖和样品之间产生一个强度在 $(10^9～10^{10})$ V／m数量级的强大电场。这样，表面上的吸附原子将会在强电场的蒸发下被移动或提取，并在表面上留下原子空穴，实现单原子的移动和提取操纵。同样，吸附在 STM 针尖上的原子也有可能在强电场的蒸发下而沉积到样品的表面上，实现单原子的放置操纵。

　　自组装是指基本结构单元（分子、纳米材料、微米或更大尺度的物质）在既有非共价键的相互作用下自发组织或聚集为一个热力学稳定的、具有一定规矩几何外观结构的技术，在自组装过程中，基本结构单元并不是简单地叠加，而是许多个体之间同时自发的发生关联，通过这种复杂的协同作用集合在一起形成一个紧密而又有序的一维、二维或三维整体。因此，自组装是一种自下而上的组装方式。

本节重点

　　（1）STM 和 AFM 如何提取和移动一个原子或分子？
　　（2）自组装是一种自下而上的组装方式。

利用扫描探针显微镜移动原子

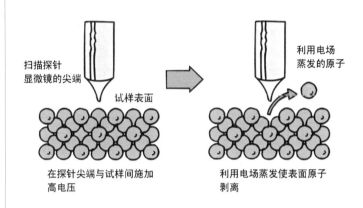

扫描探针
显微镜的尖端

试样表面

在探针尖端与试样间施加
高电压

利用电场
蒸发的原子

利用电场蒸发使表面原子
剥离

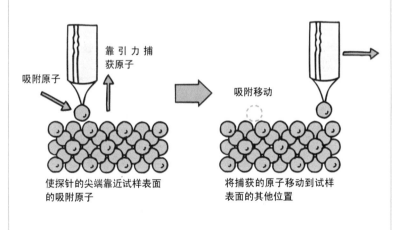

吸附原子

靠引力捕
获原子

使探针的尖端靠近试样表面
的吸附原子

吸附移动

将捕获的原子移动到试样
表面的其他位置

5.1.5 集成电路芯片——高性能电子产品的心脏

　　纳米科技的提出和发展有着其社会发展强烈需求的背景。首先，来自微电子产业。1965 年，英特尔公司的创始人摩尔(Moore) 科学而及时地总结了晶体管集成电路的发展规律，提出了著名的"摩尔定律"（经验性规律），即芯片单位面积上晶体管数量每 18 个月将会增加 1 倍。过去 20 多年的实践证明了它的正确性，到 2014 年，器件特征尺寸小于 16nm 的集成电路已投入批量生产，此后将进入以纳米 CMOS 晶体管为主的纳米电子学时代，如今，芯片技术已经进入 7nm 时代。由此可见，对于微电子器件的集成度要求越来越高、器件加工工艺尺寸要求越来越小，也就是说要求微电子器件特征尺寸缩小对于纳米电子学的兴起和发展起了至关重要的作用。正是这种要求器件尺寸日渐小型化的发展趋势，促使人们所研究的对象由宏观体系进入到纳米体系。从而产生了纳米电子学。纳米电子学另一个自上而下兴起的发展历程的主要影响因素，是以超晶格、量子阱、量子点、原子团簇为代表的低维材料。该类材料表现出明显的量子特性，特别是以这类材料中的量子效应为基础，发展了一系列新型光电子、光子等信息功能材料，以及相关的量子器件。

　　当前，半导体器件微细化主要有四大加工技术：晶体生长技术、薄膜形成技术、光刻及刻蚀技术、杂质导入技术。

　　例如 MOS 器件，包括源、栅、漏等构造，无一不需要半导体超微细加工实现。半导体器件微细化，使得高性能电子产品向更快、更强、更便捷不断迈进。而不断推陈出新、价格越来越低廉的电子产品也证实了这一领域的发展潮流。

本节重点

半导体器件微细化主要涉及哪四大加工技术？

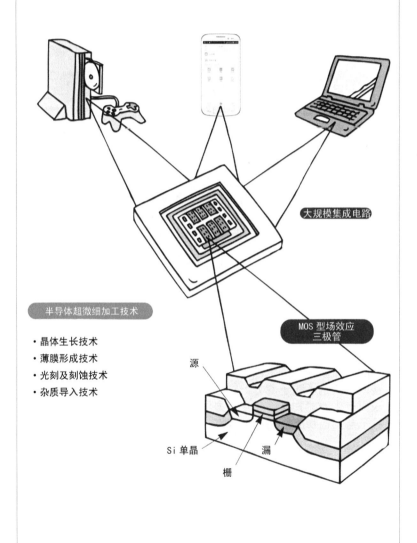

高性能电子产品的心脏

大规模集成电路

半导体超微细加工技术

· 晶体生长技术
· 薄膜形成技术
· 光刻及刻蚀技术
· 杂质导入技术

MOS 型场效应三极管

源

Si 单晶

漏

栅

5.1.6 纳米材料的制备方法

纳米微粒的制备方法多种多样，按照制备的反应环境，可以分为气相法、液相法和固相法。在这些三相过程中，分别对应许多的制备思路，每一种制备思路又对应着许多不同的具体操作方法。

以气相法中气体中蒸发制备纳米微粒为例，可以通过电阻、高频感应、等离子体、电子束、通电、激光等方法加热，也可以用流动液面上真空沉积和爆炸丝法等方法来实现纳米微粒的蒸发制备。

制备方法的多样性要求我们根据纳米微粒的特性以及具体制备方法的特点选择最优的方法。如气相反应法制备超微粒子具有粒子均匀、纯度高、粒度小、分散性好、化学反应性与活性高等优点。而其中电阻加热法由于坩埚材料的限制，适用于制备不与坩埚反应、熔点不超过坩埚极限的低熔点金属纳米微粒；溅射法则可制备高、低熔点金属以及多组元纳米微粒如 Al52Ti48、ZrO_2 等；液相法中流动液面真空沉积法可以实现对微粒粒径尺寸的控制，如平均粒径仅为 3nm 的 Ag、Au、Pd、Cu、Fe、Ni、Co 颗粒等。

另外，纳米微粒表面修饰是用物理、化学方法改变纳米微粒表面结构和状态，赋予微粒新的机能并使其物性（粒性、流动性、电气特性等）得到改善的技术。

纳米微粒表面修饰的方法按其修饰原理可分为表面物理修饰和表面化学修饰，按其工艺则分为表面覆盖修饰、局部化学修饰、机械化学修饰、外膜层修饰、高能量表面修饰、沉淀反应表面修饰。纳米微粒的表面修饰可以达到四个目的：①改善或改变纳米粒子的分散性；②提高微粒表面活性；③使微粒表面产生新的物理、化学、力学性能及新的功能；④改善纳米粒子与其他物质之间的相容性。

本节重点

（1）纳米颗粒按制备的反应环境可分为哪几种方法？
（2）分析上述几种方法制备纳米颗粒的优缺点。
（3）何谓纳米微粒表面修饰？

纳米材料的几种类型

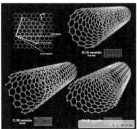

纳米微粒的制备方法

5.2 纳米世界和纳米领域
5.2.1 纳米世界

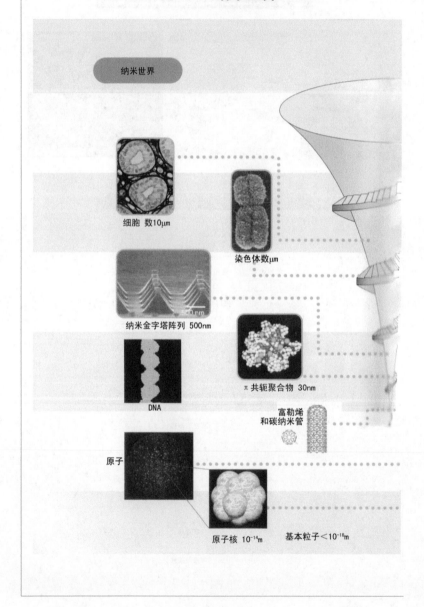

纳米世界

细胞 数10μm

染色体数μm

纳米金字塔阵列 500nm

π共轭聚合物 30nm

DNA

富勒烯和碳纳米管

原子

原子核 10⁻¹⁴m

基本粒子 <10⁻¹⁸m

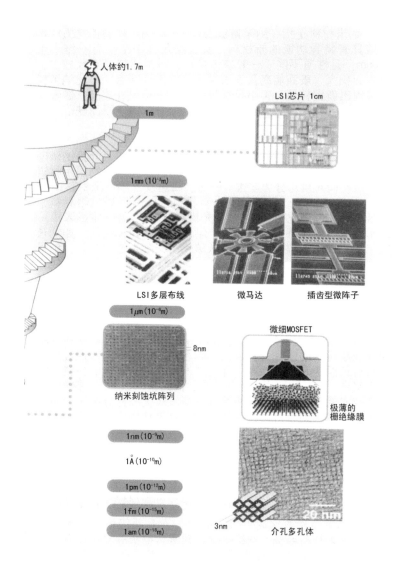

人体约1.7m

LSI芯片 1cm

1m

1mm(10⁻³m)

LSI多层布线 微马达 插齿型微阵子

1μm(10⁻⁶m)

8nm

纳米刻蚀坑阵列

微细MOSFET

极薄的栅绝缘膜

1nm(10⁻⁹m)

1Å(10⁻¹⁰m)

1pm(10⁻¹²m)

1fm(10⁻¹⁵m)

1am(10⁻¹⁸m)

20 nm

3nm 介孔多孔体

5.2.2 包罗万象的纳米领域

5.2.2.1 纳米效应及纳米新材料

纳米材料是指在纳米量级（1～100nm）内调控物质结构制成具有特异功能的新材料，其三维尺寸中至少有一维小于100nm，且性质不同于一般块体材料。纳米材料具有尺寸小、比表面积大、表面能高及表面原子比例大等特点，因此纳米材料表现出新型特性：①小尺寸效应；②量子尺寸效应；③宏观量子隧道效应；④表面效应；⑤介电限域效应、表面缺陷、量子隧穿等其他特性。

纳米材料按化学组分可分为纳米金属材料、纳米陶瓷材料、纳米高分子材料、纳米复合材料等；按应用可分为纳米电子材料、纳米光电子材料、纳米磁性材料、纳米生物医用材料等；按空间尺度可分为零维、一维、二维及三维纳米材料。

目前已发现或制备的纳米新材料主要有巨磁电阻材料，纳米半导体光催化材料，纳米发光材料（如氮化镓一维纳米棒），纳米碳管（如单壁碳纳米管），纳米颗粒、粉体材料（如纳米氧化物，纳米金属和合金，纳米碳化物，纳米氮化物），纳米玻璃，纳米陶瓷等。当前纳米材料研究的趋势是由随机合成过渡到可控合成；由纳米单元的制备，通过集成和组装制备具有纳米结构的宏观实用材料与元器件；由性能的随机探索发展到按照应用的需要制备具有特殊性能的纳米材料。

5.2.2.2 纳米新能源

纳米技术的出现，为充分利用现有能源，提高其利用率和寻找新能源的研究开发提供了新思路。例如用高效保温隔热材料可使能源利用率提高；利用纳米技术对已有含能材料进行加工整理，使其获取更高比例能量，例如纳米铁、铝、镍粉等；纳米技术能对不同形式的能源进行高效转化和充分利用，如纳米燃料电池。纳米材料在能源化工中可单独使用，但更多的是组成含纳米粒子的复合材料，目前主要集中于生物燃料电池、太阳能电池及超级电容器等。

纳米技术在生物燃料电池中的应用主要是纳米结构的酶；在太阳能电池（有机盘状液晶太阳能电池、无机纳米晶太阳能电池）中的应用有半导体和多元化合物纳米材料，复合纳米材料，导电聚合物纳米复合材料，染料敏化纳米复合材料（可使电池的光电转换效率达10%～11%）；在超级电容中的应用有一维纳米材料电极，一维纳米材料复合电极等（可使电容比电容值达 $10^{53}F/g$ ）；在储能中的应用主要是碳纳米管（可能使储氢量达10%以上）。

5.2.2.3 纳米电子及纳米通信

纳米电子学是在纳米尺度范围内研究纳米结构物质及其组装体系所表现出的特性和功能、变化规律与应用的学科，研究物质的电子学现象及其运动规律，以纳米材料为物质基础，构筑量子器件，实现纳米集成电路，从而实现量子计算机和量子通信系统的建立和信息计算、传输、处理的功能。

纳米电子器件主要包括纳米场效应晶体管（硅、锗、碳纳米线场效应晶体管），纳米存储器，纳米发电机（超声波驱动式纳米发电机、纤维纳米发电机），量子点器件（激光器、超辐射发光管、红外探测器、单光子光源、网络自动机），量子计算机，谐振隧穿器件，纳米有机电子器件（纳米有机分子开关、有机薄膜存储器、DNA 器件、有机超分子器件的自组装、分子电路），双方向电子泵，双重门电路，单电子探测器，集成电路沟道线桥，有机近红外发光二极管等。纳米电子器件中的电子受到量子限域作用，具有更优异的性能，主要用于计算机、自动器及信息网等。

目前纳米通信方向的成果主要有光通信材料，光子结晶，低电力显示器，单电子元件，光元件，量子元件，纳米导线等。通信工程中大量射频技术的采用使诸如谐振器，滤波器、耦合器等片外分离单元大量存在，纳米技术不仅可以克服这些障碍，而且表现出比传统的通信元件具有更优越的内在性能。

5.2.2.4 纳米生物材料

纳米生物材料可以分为两类：一类是适合于生物体内的纳米材料，如各式纳米传感器；另一类是利用生物分子的活性而研制的纳米材料。纳米生物材料可应用于疾病诊断，疾病治疗，细胞分离，医药方面（纳米中药、纳米药物载体、纳米抗菌药及创伤敷料、智能靶向药物），纳米生物器件（分子电动机、生物传感器、纳米机器人、纳米生物芯片）等。其中纳米给药系统能增加药物的吸收，控制药物的释放，改变药物的体内分布特征，改变药物的膜转运机制。

5.2.3　纳米技术应用领域

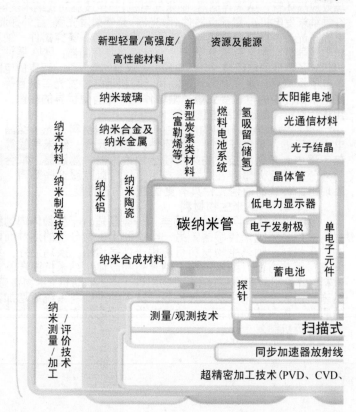

技术俯瞰图

技术应用领域

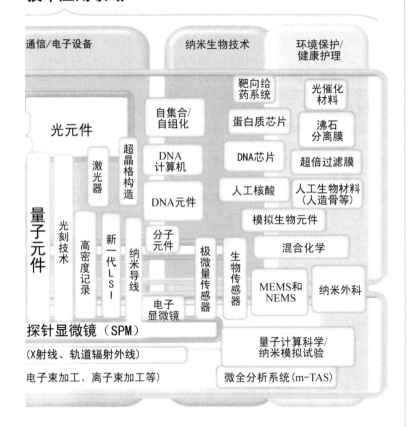

通信/电子设备　　　纳米生物技术　　环境保护/健康护理

光元件

量子元件

激光器

超晶格构造

光刻技术

高密度记录

新一代LSI

纳米导线

自集合/自组化

DNA计算机

DNA元件

分子元件

极微量传感器

电子显微镜

生物传感器

靶向给药系统

蛋白质芯片

DNA芯片

人工核酸

模拟生物元件

光催化材料

沸石分离膜

超倍过滤膜

人工生物材料（人造骨等）

混合化学

MEMS和NEMS

纳米外科

探针显微镜（SPM）

（X射线、轨道辐射外线）

电子束加工、离子束加工等）

量子计算科学/纳米模拟试验

微全分析系统（m-TAS）

5.2.4　纳米技术之树

所谓"纳",是表征 10^{-9} (10亿分之一) 单位的前缀,后边带米 (m),则为"纳米",纳米长度与普通分子的尺寸不相上下。

利用这个基本定义,可以将纳米技术理解为"应用有关纳米尺度构造体(纳米结构)的相关知识(纳米科学),制作纳米结构,并将由其产生的新功能为人类服务的技术。"

1993 年,在于美国召开的第一届国际纳米技术大会 (INTC) 上,将纳米科学与技术划分为 6 大分支:纳米物理学、纳米生物学、纳米化学、纳米电子学、纳米加工技术和纳米计量学。纳米技术主要包括:纳米级测量技术;纳米级表层物理力学性能的检测技术;纳米级加工技术;纳米材料及其制备技术;纳米生物学技术;纳米组装技术等。随着时间推移,纳米科学与技术的范围以及应用不断扩大。

关于纳米技术,不仅仅包括知识和技能,能否为人类的生活服务(起码不起反作用)也十分重要。

那么,纳米技术导致的新功能都有哪些呢?

首先,可以举出的有超高速信号处理,超高密度记录,高速、低功耗、高精细显示,光处理,光电变换等与信息技术 (IT) 相关的功能。

其次,纳米改性,结构强化,寿命延长等使材料特性飞跃性提高的功能,进一步,与吸附、催化作用,分子识别等生物技术相关的功能。

最后,在临床诊断,药物开发和人类遗传诊断,疑难病治疗等相关的功能。

这些新功能,都是在基础科学、加工技术、计量技术这三大根基技术基础上,发展壮大,并应用到广阔的产业领域。目前,全世界都对纳米科学和技术寄以厚望。

而且这些技术相融合,通过人工光合成产生能量(太阳能电池,食物的人工合成),以及比超级计算机运算速度成数量级增加的量子计算机等的梦想,都将在纳米技术基础上实现。

本节重点
(1) 介绍纳米技术在计测领域的应用。
(2) 介绍纳米技术在微细加工领域的应用。
(3) 介绍纳米技术在基础科学领域的应用。

纳米技术之树

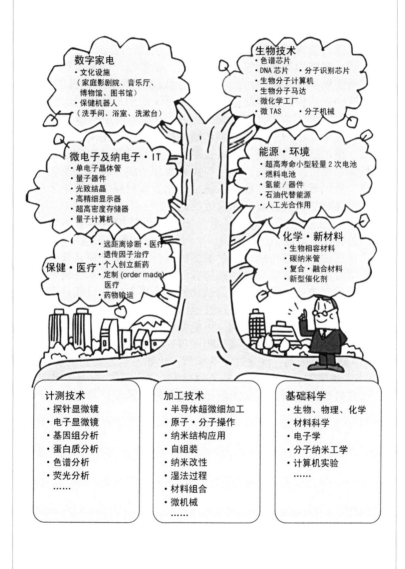

数字家电
· 文化设施
　（家庭影剧院、音乐厅、
　博物馆、图书馆）
· 保健机器人
　（洗手间、浴室、洗漱台）

生物技术
· 色谱芯片
· DNA 芯片　· 分子识别芯片
· 生物分子计算机
· 生物分子马达
· 微化学工厂
· 微 TAS　· 分子机械

微电子及纳电子·IT
· 单电子晶体管
· 量子器件
· 光致结晶
· 高精细显示器
· 超高密度存储器
· 量子计算机

能源·环境
· 超高寿命小型轻量 2 次电池
· 燃料电池
· 氢能／器件
· 石油代替能源
· 人工光合作用

化学·新材料
· 生物相容材料
· 碳纳米管
· 复合·融合材料
· 新型催化剂

保健·医疗
· 远距离诊断·医疗
· 遗传因子治疗
· 个人创立新药
· 定制 (order made)
　医疗
· 药物输运

计测技术
· 探针显微镜
· 电子显微镜
· 基因组分析
· 蛋白质分析
· 色谱分析
· 荧光分析
……

加工技术
· 半导体超微细加工
· 原子·分子操作
· 纳米结构应用
· 自组装
· 纳米改性
· 湿法过程
· 材料组合
· 微机械
……

基础科学
· 生物、物理、化学
· 材料科学
· 电子学
· 分子纳米工学
· 计算机实验
……

5.3 纳米技术的应用领域
5.3.1 纳米结构与纳米组织

纳米结构指的是以纳米尺度的物质单元为基础，按一定规律构筑或营造的一种新体系，它包括一维、二维、三维体系。这些物质单元包括纳米微粒、纳米线、纳米薄膜、稳定的团簇、纳米管、纳米棒、纳米丝以及纳米尺寸的孔洞等。构筑纳米结构的过程就是我们通常所说的纳米结构的组装。

纳米结构的合成与组装在整个纳米科技中有着特别重要的意义，从图中所示的纳米结构科学与技术组织图可以看出，纳米结构的合成与组装在整个纳米科学与技术中所处的基础性地位。可以说，合成与组装是整个纳米科技大厦的基石，是纳米科技在分散与包覆、高比表面材料、功能纳米器件、强化材料等方面实现突破的起点。

从性能与应用角度来看，由于纳米结构既具有纳米微粒的特征，如量子尺寸效应、小尺寸效应、表面效应等特点，又存在由纳米结构组合引起的新的效应，如量子耦合效应和协同效应等。所以，纳米结构实际上综合了物质本征特性、纳米尺寸效应、组合引起的新功能等多项效应，可能具有一般纳米材料所不具备的特殊性能。通过对纳米尺度上构筑"砖块"与其组装的微观控制，可能最终实现对纳米结构各方面宏观性能的控制，在增强材料硬度、延展性、磁性、光电性能、选择性吸附、催化性能等物理、化学性能方面获得突破。

纳米结构体系很容易通过外场（电、磁、光场）实现对其性能的控制，这是功能纳米电子器件的设计基础。

本节重点

（1）按空间维数，纳米结构单元可以何种形式存在？
（2）构筑纳米结构的过程就是通常所说的组装。
（3）由低维纳米结构单元构筑纳米复合材料。

纳米结构科学与技术组织图

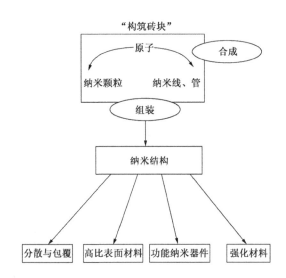

由低维纳米结构单元构筑纳米复合材料

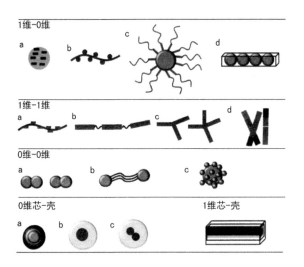

5.3.2 半导体集成电路微细化有无极限？

有没有尺寸越小，综合效益越高，或者说，人们梦寐以求的小型化的产品或器件呢？实际上，作为大规模集成电路（LSI）构成元件的半导体三极管，就具有这种性质。它遵从比例缩小定律（scaling law），即，若三极管的纵向尺寸、横向尺寸、外加电压全部缩小为 $1/k$，则电功率消耗减小到 $1/k^2$，而计算速度却提高了 k 倍。这么好的事，何乐而不为呢？

正是基于这种指导的原则，三极管及存储器等不断微细化，致使相同面积的 LSI 中所集成的元件数按摩尔定律的速度飞跃性地增加。与此同时，LSI 的性能不断提高，而 LSI 中每个三极管或存储单元的价格却在下降。得益于此，现在的微机已经具有超越过去超级计算机的性能。因此，这种 LSI 技术通过互联网及多媒体等信息技术（IT），已经渗透到我们日常生活的方方面面。

市售 CPU 中一个三极管的特征线宽，2012 年已达到32nm。如果说 20 世纪 90 年代世界 LSI 技术在亚微米或深亚微米徘徊，到 2000 年达到 130nm，2010 年达到 45nm，2018 年达到 7nm。微细化进展超过人们的预期。以 MOS 三极管 45nm 栅长为例，其中只能放入 117 个硅（Si）原子，由此可以想象其微细化程度。

LSI 产业是伴随着微细加工技术的发展而不断进步的。从历史上看，这种微细加工又是以微影曝光刻蚀（光刻）技术为基础的。但是，在特征线宽小于 130nm，特别是对于今天10nm 和 7nm 的工艺来说，传统的技术框架已难以胜任。

在 LSI 微细化的历史中，不少人曾不止一次发出"已达到极限，再也难向前进展"的警告，但这种警告不断被研究者的辛勤劳动和技术创新所打破。

本节重点

（1）何谓半导体器件微细化中的比例定律，为什么要关注比例定律？
（2）何谓 IC 器件的特征线宽，为什么以它来衡量集成电路的产业化水平？
（3）介绍 IC 器件特征线宽的现状和发展趋势。

半导体集成电路微细化的历史

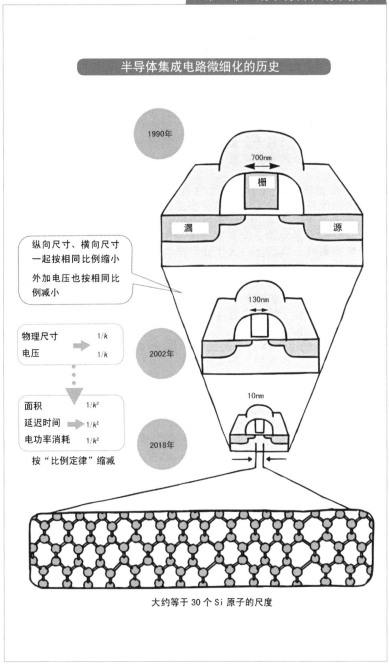

1990年

700nm

栅

漏 源

纵向尺寸、横向尺寸一起按相同比例缩小

外加电压也按相同比例减小

| 物理尺寸 | 1/k |
| 电压 | 1/k |

2002年

130nm

面积	1/k²
延迟时间	1/k²
电功率消耗	1/k²

按"比例定律"缩减

2018年

10nm

大约等于 30 个 Si 原子的尺度

5.3.3 纳米光合作用和染料敏化太阳能电池

在太阳能的利用中，由生物体所进行的植物的光合作用最为基础和重要。植物的光合作用是在太阳光作用下，由水和二氧化碳转变为有机物（化学能）和氧气。它不仅维持自然界的循环平衡，而且为人类和其他动物提供营养。而人工光合作用是将太阳能转变为电能，由于其便于利用而特别引起人们的兴趣。

生物体所进行的自然光合作用是利用叶绿素、催化剂等将太阳能转化为稳定的、储存在生物体内的化学能的一系列复杂的化学变化；人工光合成则是利用由某种材料制成的太阳能电池板将太阳能转化为能直接被利用的电能的过程，又叫作能量变换系统。实际上，人工光合成与生物体光合作用的某一阶段类似，在色素增感型太阳能电池中，藉由使能吸收可见光的有机分子在半导体表面吸附，即使照射能量很弱的光（半导体不能吸收的波长的光），也能产生向二氧化钛移动的电子，吸附在二氧化钛上的色素直径在 10 ~ 30nm 之间，故称这种光合成为纳米光合成。

自养型植物体内进行光合作用，而人类也可通过人工光合成（能量变换系统）将太阳能转化成化学能进而转变成为电能。纳米光合成的典型例子是色素增感型太阳能电池。级联式色素增感型太阳能电池与普通的单个单元式太阳能电池相比，可利用波长范围更宽的太阳光。在相关的产品开发中，上部电池采用了被称为 Red Dye (N719) 的增感色素，下部电池采用了被称为 Black Dye (N749) 的增感色素。上部电池利用可见光产生高电压。下部电池利用波长比可见光更长的近红外光到红外光，产生的电压虽小但电流较大。级联式形态需要上部电池在吸收可见光的同时使近红外光无损失地透射出去。而且采用新制造方法制成了高透明度 TiO_2 电极。下部电池采用粒子径不同的半导体膜多重层叠的构造。加大了将光线密闭在内部不向外部散射的"光封闭"效果，从而提高了电流。为了提高电压，还开发了抑制泄漏电流的方法。

本节重点

（1）植物光合作用为人工利用太阳能提供了样本。
（2）染料敏化太阳电池采用与叶绿素相似的层状结构。
（3）介绍染料敏化太阳电池结构中每一层所起的作用。

生物体光合作用及人工进行的光合作用概念图

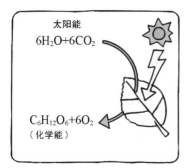

太阳能

$6H_2O+6CO_2$

$C_6H_{12}O_6+6O_2$
（化学能）

由生物体所进行
的光合作用

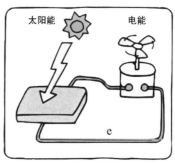

太阳能　　　电能

e

人工光合作用
（能量变换系统）

色素增感型太阳能电池的模式图

吸附在二氧化钛上的色素

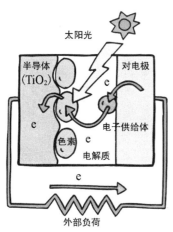

太阳光

半导体
（TiO$_2$）　　　对电极

e

e

电子供给体

色素　　e

电解质

e

外部负荷

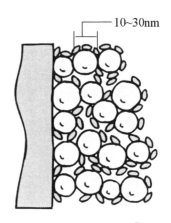

10~30nm

色素 =

二氧化钛 =

　　藉由使能吸收可见光的有机分子在半导体表面吸附，即使照射能量很弱的光（半导体不能吸收的波长的光），也能产生向二氧化钛移动的电子。

-149-

5.3.4 在利用纳米技术的环境中
容易实现化学反应

利用纳米技术的环境中容易实现化学反应，这是因为物质在纳米尺度具有小尺寸效应、表面效应、量子尺寸效应和宏观量子隧道效应等特殊性质。

纳米粒子催化剂的优异性能取决于它的容积比表面积很高，同时，负载催化剂的基质对催化效率也有很大的影响，如果也由具有纳米结构材料组成，就可以进一步提高催化剂的效率。如将 SiO_2 纳米粒子作催化剂的基质，可以提高催化剂性能 10 倍。在某些情况下，用 SiO_2 纳米粒子作催化剂载体会因 SiO_2 材料本身的脆性而受影响。为了解决此问题，可以将 SiO_2 纳米粒子通过聚合而形成交联，将交联的纳米粒子用作催化剂载体。总之，在利用纳米技术的环境中，化学反应过程更容易实现。

因此，一些金属纳米粒子在空中会燃烧，一些无机纳米粒子会吸附气体。具体的例子有纳米铜比普通铜更易与空气发生反应；火箭固体燃料反应催化剂为金属纳米催化剂，这样做使燃料效率提高 100 倍；金纳米粒子沉积在氧化铁、氧化镍衬底，在 70℃ 时就具有较高的催化氧化活性。在生活中，人们还经常用 Fe、Ni 的纳米粉体与 $\gamma\text{-}Fe_2O_3$ 混合烧结体代替贵金属作为汽车尾气净化剂。

可以说，纳米技术不但增加了期待产物的产量，还降低了某些制备过程中所需的特殊要求，例如高温、高压等。

本节重点

(1) 为了尽可能减少不需要的副产品，需要研究开发高性能催化剂。
(2) 解释为什么在利用纳米的环境中容易实现化学反应。

部分常见的化学反应过程

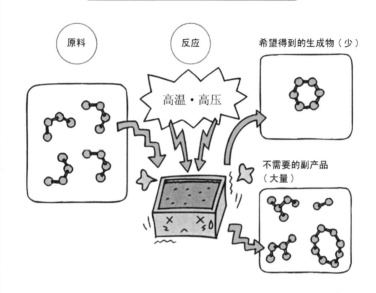

原料

反应

希望得到的生成物（少）

高温·高压

不需要的副产品（大量）

在利用纳米技术的环境中容易实现的过程

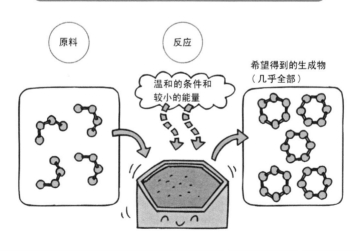

原料

反应

希望得到的生成物（几乎全部）

温和的条件和较小的能量

5.3.5 干法成膜和湿法成膜技术
(bottom-up 方式)

纳米薄膜的制作方法分两大类：一类是在真空中使原子沉积的干法成膜技术（真空蒸镀、溅射镀膜和化学气相沉积（CVD））；另一类是在液体中使离子等发生反应的同时而堆积的湿法成膜技术（电镀、化学镀等）。

真空蒸镀是使欲成膜的镀料加热蒸发，与此同时使处于气态的原子或分子沉积在基板上；溅射镀膜是使氩离子等高速碰撞由欲成膜物质所组成的固体（称其为靶），并将碰撞（溅射）出的原子或分子沉积在基板上。

另一方面，在溶液中析出的方式为先将金属离子溶出，再在基板表面得到电子被还原进而堆积在基板表面。从外部电源供给电子的方法称为电镀；在溶液中溶入向基板表面放出电子的物质(还原剂)，再由基板供给电子的方法是化学镀。

在纳米薄膜中，有原子或分子呈三维规则排列的"晶态"情况，也有非规则排列的"非晶态"情况，但无论哪种成膜方法，都希望通过纳米技术对原子或分子的排列方式进行有效控制，以便做出良好性能的结构。

而且，在纳米薄膜形成过程中，沉积原子或分子与基板表面原子之间的能量授受（称其为相互作用）也有重大影响。为了获得具有所期待性质的纳米薄膜，充分了解并制作良好的基板表面极为重要。

本节重点

(1) 高新技术产品中不可或缺的薄膜。
(2) 干法成膜包括真空蒸镀法、溅射法、CVD 法。
(3) 湿法成膜包括电镀法、化学镀法。

干法成膜技术

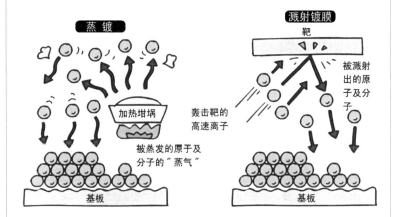

蒸 镀

溅射镀膜

靶

轰击靶的
高速离子

被溅射
出的原
子及分
子

加热坩埚

被蒸发的原子及
分子的"蒸气"

基板

基板

湿法成膜技术

电 镀

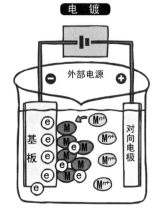

外部电源

基板

对向电极

化学镀

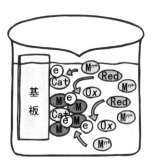

基板

M^{n+}：金属离子　　　　　e：电子　　　　M：析出的金属原子
Red：用于化学镀的还原剂分子
O_x：利用电子放出反应（氧化反应）而发生变化后的还原剂分子
Cat：引起还原剂分子发生反应的催化剂（活性金属）

5.3.6 干法刻蚀和湿法刻蚀加工技术
（top-down 方式）

在硅圆片上制取图形的刻蚀方法，有湿法和干法两种。前者所利用的是液相中的化学反应（腐蚀），后者所利用的是等离子体中发生的物理的、化学的现象。

湿法刻蚀是先利用光刻使光刻胶形成刻蚀掩模，再将材料放入刻蚀液中，只将不要的部分溶解去除的技术。由于刻蚀液对材料表面发生均匀作用，湿法刻蚀基本上是各向同性的。当然，单晶硅的结晶性各向异性刻蚀以及利用电化学对刻蚀方向性进行控制，以实现高垂直性的电化学各向异性刻蚀则另当别论。

干法刻蚀可以实现湿法刻蚀难以获得的垂直性以及图形自由度高的刻蚀，这些特长在 LSI 及 MEMS 加工中得以淋漓尽致的发挥。在各种干法刻蚀中，利用最多的是反应离子刻蚀（RIE）。在等离子气氛中，反应气体被电离，形成活性反应基。在电场的作用下，活性反应基被所刻蚀的材料垂直地吸附，并与材料表面的原子结合、生成物以气态的形式脱离表面而实现干法刻蚀。

但是，干法刻蚀中会产生含氟、氯等对环境有害的气体，代用气体的研究正在加紧进行中。当然，从环境保护观点，电化学刻蚀也需要进一步改进。

本节重点

(1) 湿法刻蚀利用溶液将不需要的部分溶解掉，是各向同性的。
(2) 干法刻蚀利用电离的活性基及电场通过入射的离子对基板进行加工。
(3) 反应离子刻蚀（RIE）、离子束刻蚀是各向异性的。

湿法刻蚀的加工实例

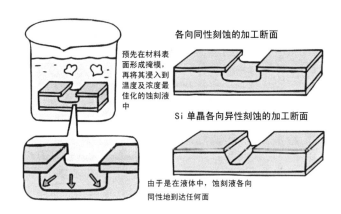

预先在材料表面形成掩模，再将其浸入到温度及浓度最佳化的蚀刻液中

各向同性刻蚀的加工断面

Si 单晶各向异性刻蚀的加工断面

由于是在液体中，蚀刻液各向同性地到达任何面

干法刻蚀的加工实例

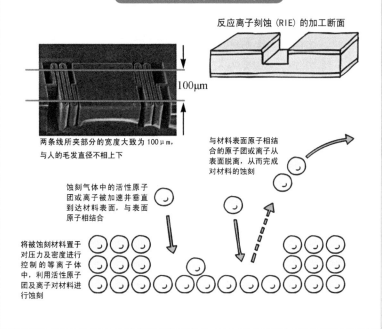

反应离子刻蚀（RIE）的加工断面

$100\mu m$

两条线所夹部分的宽度大致为 $100\mu m$，与人的毛发直径不相上下

与材料表面原子相结合的原子团或离子从表面脱离，从而完成对材料的蚀刻

蚀刻气体中的活性原子团或离子被加速并垂直到达材料表面，与表面原子相结合

将被蚀刻材料置于对压力及密度进行控制的等离子体中，利用活性原子团及离子对材料进行蚀刻

书角茶桌

纳 米 材 料

纳米材料是指结构单元的尺寸至少有一维介于 $1 \sim 100nm$ 范围内的材料。由于其尺度已接近电子的相干长度，从而表现出特殊的表面效应、小尺寸效应和宏观量子隧道效应等，使得纳米材料的性质，例如熔点、磁性、光学、导热性、导电特性等，发生很大变化，往往不同于块体状态下所表现的性质。

纳米材料按其空间维数大致可分为纳米粉末、纳米纤维、纳米膜、纳米块体等四类。

（1）纳米粉末　又称为超微粉或超细粉，一般指粒度在 $100nm$ 以下的粉末或颗粒，是一种介于原子、分子与宏观物体之间处于中间物态的固体颗粒材料。可用于：高密度磁记录材料；吸波隐身材料；磁流体材料；防辐射材料；单晶硅和精密光学器件抛光材料；微芯片导热基片与布线材料；微电子封装材料；光电子材料；先进的电池电极材料；太阳能电池材料；高效催化剂；高效助燃剂；敏感元件；高韧性陶瓷材料；人体修复材料；抗癌制剂等。

（2）纳米纤维　指直径为纳米尺度而长度较大的线状材料。可用于：微导线、微光纤（未来量子计算机与光子计算机的重要元件）材料；新型激光或发光二极管材料等。静电纺丝法是制备无机物纳米纤维的一种简单易行的方法。

（3）纳米膜　分为颗粒膜与致密膜。颗粒膜是纳米颗粒粘在一起，中间有极为细小的间隙的薄膜。致密膜指膜层致密但晶粒尺寸为纳米级的薄膜。可用于：气体催化（如汽车尾气处理）材料；过滤器材料；高密度磁记录材料；光敏材料；平面显示器材料；超导材料等。

（4）纳米块体　是将纳米粉末高压成型或控制金属液体结晶而得到的纳米晶粒材料。主要用途为：超高强度材料；智能金属材料等。

第6章

碳纳米管和石墨烯

书角茶桌

　　　碳纳米管天梯

6.1　碳纳米管的结构
6.1.1　最小的管状物质

　　碳在元素周期表中左右居中，高低举上，处于王者之位。自然界中，含碳的物质不仅种类繁多，而且数量巨大。

　　由于碳原子有四个结合键可以利用，按碳原子间的键合方式（sp3，sp2，sp1 杂化），可以组合成金刚石、石墨、无定形碳等同素异构体。近年来，在碳的同素异构体群中又发现了新的形态，这便是富勒烯（C_{60} 等）、碳纳米管和石墨烯。富勒烯属于分子，而碳纳米管是管状碳，单层碳纳米管的直径大约0.7nm。可以说是最小的微粒子。它依碳的层数不同，有单层和多层碳纳米管。

　　碳纳米管是由饭岛澄男于 1991 年通过透射电子显微镜（TEM）观察而发现的物质，今天，它已成为最为引人注目的物质之一。是何原因令他如此引人注目呢？这是由于其特异的形态和物性。首先，富勒烯的发现使人们预感到，新的碳素科学的大门正向人们打开，此后不久便发现新的纳米物质——碳纳米管。关于单层的纳米管，有人预测，依据其直径及管子的卷绕方式，可以是金属类的，也可以是半导体类的。而且，若作成缺陷少的管状晶体结构，其强度等机械特性会大大超过已有的碳纤维。

　　由于碳纳米管具有尖锐的端部，可作为电子发射材料期待在平板显示器中获得应用。人们期望利用碳纳米管的场发射平板显示器（FPD）在市场上会异军突起，因此在全世界范围内展开了制品化的竞争。许多国家的政府和企业都跃跃欲试，制定开发计划，投入大量资金。但实际结果并不如意，碳纳米管 FPD 至今也没有推向市场。

本节重点
（1）单层碳纳米管和多层碳纳米管。
（2）依据直径及管子的卷绕方式，可以是金属类的也可以是半导体类的。
（3）用于微粒子的处理技术也适合碳纳米管。

碳的各种同素异构体

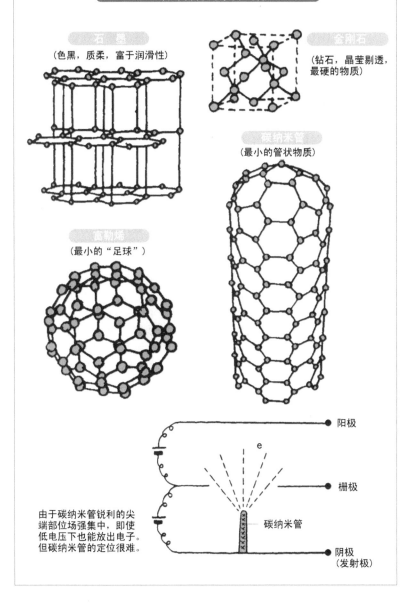

石　墨
（色黑，质柔，富于润滑性）

金刚石
（钻石，晶莹剔透，最硬的物质）

碳纳米管
（最小的管状物质）

富勒烯
（最小的"足球"）

e

— 阳极

— 栅极

碳纳米管

— 阴极
（发射极）

由于碳纳米管锐利的尖端部位场强集中，即使低电压下也能放出电子。但碳纳米管的定位很难。

6.1.2 单层石墨片、富勒烯、碳纳米环
和碳纳米螺旋管

  碳（C）是构成生物体有机分子的主要元素。在这些有机分子中，除了氢、氮、氧、磷、硫之外，主要是碳。因此，有机分子可以看成是由碳原子构成的物质群。以煤炭和焦炭为例，若对其进行原子水平的观察，发现碳原子以数百个到数千个为单位呈规则排列，构成大小为数纳米的一个个块体，这些块体集合在一起。在这些块体与块体之间，存在数纳米间隔的空间，这些空间可捕获大量分子。因此，活性炭广泛用于过滤材料，以去除空气及水中的有害分子。

  若将这种炭置于高温、高压条件下，使其原子排列发生变化，就可以制成人造金刚石。而且，将炭在低压力条件下加热，则可以形成石墨，其原子构造如上图所示，呈蜂巢结构的平面状原子排列。该平面内的原子间化学键比之金刚石的情况还要强，在已知的物质中是最强的，但由于面间的键合弱，因此面间易滑移，作为晶体来看，是柔韧的，易变形的。

  上述石墨片由一个个的六碳环（由六个碳原子构成的六角形）组成，这些六碳环形成蜂巢结构。若将其中的部分六碳环换成五碳环或七碳环，则石墨片会由平面变成凸形或凹形的立体结构。这种立体的碳分子群便是富勒烯。可以想象，若在足球表面的五角形和六角形网络交点的位置配置碳原子，则会构成 C_{60}。通过改变五碳环、六碳环、七碳环的配置顺序，就能获得具有不同纳米结构的多种富勒烯。

  富勒烯具有下述特征：①不会对生物功能产生很大的影响；②由于其本身占有相对较大的纳米尺度空间，可以储氢等；③依其原子构造的不同，即可以为半导体性的，也可为金属性的。

本节重点
(1) 石墨的平面蜂巢状结构是已知物质中最强的。
(2) 在由六碳环组成的平面蜂巢结构中加入五碳环、七碳环，即为富勒烯。
(3) 富勒烯具有那些特征？

石墨片和富勒烯的结构

石墨片的结构

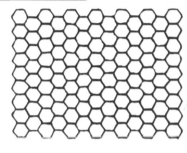

各交点上配置碳原子。
这种平面状蜂巢结构
是已知物质中最强的

0.2nm

富勒烯的形成及结构

7角环

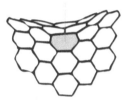

5角环

在由6角环组成的
蜂巢结构的内部，
若加入5角环或7角
环，则平面会变为
立体的

C_{60}

螺旋管

圈(由碳纳米管组成)

使5角环和6角环
组合，会形成球
形分子(C_{60}等)，
再加入7角环，
则可以形成环及
螺旋管等复杂的
碳纳米管结构分
子(富勒烯)

6.1.3　从单层石墨片卷成碳纳米管

　　如同由纸卷成筒那样，将石墨片卷曲成具有纳米直径的筒，再将其按蜂巢结构排列，便可得到由碳原子排列的立体结构。称这种纳米尺度的最小的筒为碳纳米管。

　　由于碳纳米管都是由强化学键构成的立体结构，因此其机械强度极强。试想，若由其织成哪怕是 $1mm^2$ 截面积的碳纳米管丝，就可以拉起几吨的重物。

　　取决于碳纳米管的卷曲方式，它可以发生从半导体到金属的变化。在石墨片的内部，由于在特定方向行进的最小波长的电子波不受周期格子的散射，从而成为行进波，因此石墨为金属性的。

　　与石墨相对，对于碳纳米管来说，与其管轴重合的特定方向显示金属性，不重合的方向则为半导体性。而且，表现为半导体性的场合，其能隙依轴方向与蜂巢结构网络的夹角不同而异。曾经有人尝试用碳纳米管制作纳米尺寸的三极管（见6.3.2节），但由于碳纳米管的易动性而难以实现。

　　电子源的大多数，利用的热电子发射或场发射。

　　前者利用热能使物质内部的电子放出；与之相对，后者藉由高电场使表面势垒下降，通过隧道效应取出电子。

　　对于纳米构造的物质体系来说，具有容易施加强电场，易于引起隧道效应的特征，从而具有近于理想束源的特征（微小源，高辉度，高干涉性），因此其可望用于高性能电子显微镜及电子全息照相等。

（1）将石墨片卷成筒得到的碳纳米管机械强度极强。
（2）依据筒的卷曲方式可以从半导体向金属变化。
（3）碳纳米管用于电子发射源有什么优缺点？

碳纳米管（CNT）的构造

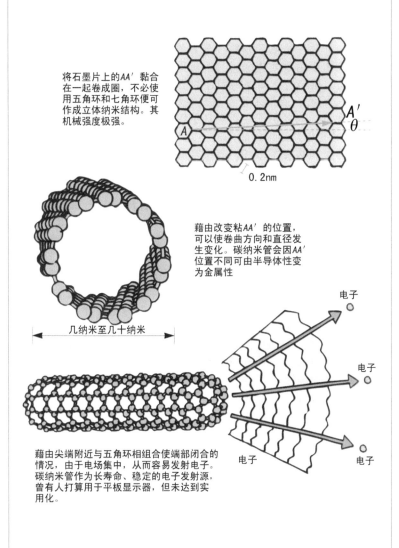

将石墨片上的 AA' 黏合在一起卷成圈，不必使用五角环和七角环便可作成立体纳米结构。其机械强度极强。

0.2nm

藉由改变粘 AA' 的位置，可以使卷曲方向和直径发生变化。碳纳米管会因 AA' 位置不同可由半导体性变为金属性

几纳米至几十纳米

电子

电子

电子

电子

藉由尖端附近与五角环相组合使端部闭合的情况，由于电场集中，从而容易发射电子。碳纳米管作为长寿命、稳定的电子发射源，曾有人打算用于平板显示器，但未达到实用化。

6.1.4　单层和多层碳纳米管

碳纳米管 (CNTs)，又称巴基管，是一种具有特殊结构（径向尺寸为纳米量级，轴向尺寸为微米量级、管子两端基本上都封口）的一维量子材料，分为单壁碳纳米管和多壁碳纳米管。它主要由呈六边形排列的碳原子构成数层到数十层的同轴圆管。层与层之间保持固定的距离，约 0.34nm，直径一般为 2 ～ 20nm。碳纳米管不总是笔直的，而是在局部区域出现凸凹现象，这是由于在六碳环编织过程中出现了五边形和七边形。根据碳六边形沿轴向的不同取向可以将其分成锯齿型、扶手椅型和螺旋型三种。其中螺旋型的碳纳米管具有手性，而锯齿型和扶手椅型碳纳米管没有手性。

由于碳纳米管中碳原子采取 sp^2 杂化，相比 sp^3 杂化，sp^2 杂化中 s 轨道成分比较大，使它具有良好的力学性能，CNTs 抗拉强度达到 50 ～ 200GPa，是钢的 100 倍，密度却只有钢的 1/6；弹性模量可达 1TPa，与金刚石的弹性模量相当，约为钢的 5 倍；同时又拥有良好的柔韧性，可以拉伸；且其熔点是已知材料中最高的；还具有良好的导电性能。碳纳米管潜在的用途很多，目前正在开发的有：

①碳纳米管比表面积大、结晶度高、导电性好，可用作锂电池及电双层电容器的电极材料；

②碳纳米管表面原子占比大，使体系的电子结构和晶体结构明显改变，表现出特殊的电子效应和表面效应，因此可作为优秀的催化剂载体；

③碳纳米管还可用来做储氢材料，为质子交换膜 (PEM) 燃料电池供应氢。

本节重点

碳纳米管正在开发的用途有哪些，利用其何种性质？

单层和多层碳纳米管结构示意图

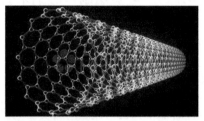

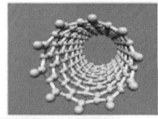
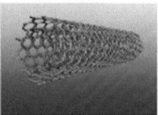

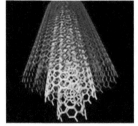

不同结构的碳纳米管

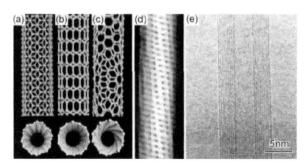

(a) 扶手型，(b) 锯齿型，(c) 螺旋型单壁碳纳米管结构示意图；(d) 螺旋单壁碳纳米管和 (e) 多壁纳米管隧道扫描透射电镜照片

6.2 碳纳米管的制作
6.2.1 电弧法制作碳纳米管

　　常用的碳纳米管制备方法主要有：电弧放电法、激光烧蚀法、化学气相沉积法（碳氢气体热解法）、固相热解法、辉光放电法、气体燃烧法以及聚合反应合成法等。电弧放电法是生产碳纳米管的主要方法。具体过程是：将石墨电极置于充满氦气或氩气的反应容器中，在两极之间激发出电弧，此时温度可以达到4000℃左右。在这种条件下，石墨会蒸发，生成的产物有富勒烯（C_{60}）、无定型碳和单壁或多壁的碳纳米管。

　　电弧放电法是发现CNT所使用的方法，可谓功劳非凡。在氦气氛中，于石墨电极间施加80V左右的直流电压，使之流过100A左右的电流。电极间发生放电，阳极的石墨蒸发，一部分沉积在阴极上，其余部分以气体状态飞散，并在装置的内壁沉积。CNT存在于阴极沉积物中。这种阴极沉积物是CNT、石墨、煤灰的混合物。CNT基本上不会在阴极沉积物的表面存在，而是存在于其内部。这是由于高温状态的持续，CNT会变成热力学性能更稳定的石墨所致。得到的是多层CNT。

　　为了制作单层CNT，需要在石墨阳极中添加铁等金属。这样，铁自身也会藉由电弧放电而蒸发，凝聚后变为超微粒子，一同溶解于蒸发的碳中。在铁的冷却过程中，碳在铁中的溶解度减少，析出时便生成单层CNT。但是，电弧放电法不适合大量生产CNT。

　　CVD法是利用乙炔等气体或苯蒸气等，藉由铁及镍等催化剂的作用，经脱氢反应来制作CNT。例如，铁是通过二茂铁等有机化合物蒸发而导入反应装置的。而且，通过预先在基板表面配置催化剂等，有可能制作二维排列的CNT。若考虑工业利用，直接制作定向排列的CNT具有重要意义。与电弧放电法比较，由CVD法制作CNT，由于石墨等杂质少，便于大量生产，因此更适合工业化生产。

　（1）电弧放电法：使石墨在高温蒸发，经凝聚形成CNT。
　（2）CVD法比电弧放电法更适合工业生产。

电弧放电装置图

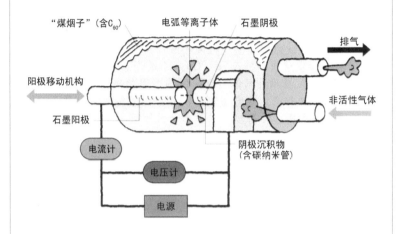

"煤烟子"（含C_{60}）　电弧等离子体　石墨阴极

排气

阳极移动机构

非活性气体

石墨阳极

阴极沉积物
（含碳纳米管）

电流计

电压计

电源

CVD 法示意图

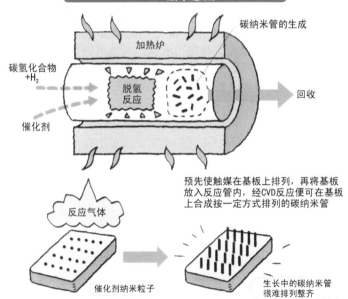

加热炉

碳纳米管的生成

碳氢化合物
+H_2

脱氢
反应

回收

催化剂

预先使触媒在基板上排列，再将基板
放入反应管内，经CVD反应便可在基板
上合成按一定方式排列的碳纳米管

反应气体

催化剂纳米粒子

生长中的碳纳米管
很难排列整齐

6.2.2　化学气相沉积等制作碳纳米管

化学气相沉积（CVD），是在催化剂的作用下裂解含碳气体或液体碳源从而生成碳纳米管，具有设备简单，成本低，产量大等优点，缺点是石墨化程度不高、杂质多。

激光蒸发法是将掺杂Fe、Co、Ni等过渡金属的石墨靶材，在1200℃下以及惰性气体（He）保护下用激光轰击靶材表面制备碳纳米管的方法。此方法制备的碳纳米管纯度高，易于连续生产，但能耗高、设备复杂，不适合大规模生产。

模板法用孔径为纳米到微米级的多孔材料作为模板，结合电化学法、沉淀法、溶胶－凝胶法和气相沉淀法等技术使物质原子或离子沉淀在固有模板的孔壁上，从而制备碳纳米管。

虽然碳纳米管的制备方法日趋成熟，但各个方法仍存在缺点和不足。首先，如何获得操作易控、生产成本低、原料利用率高、结构缺陷少、纯度高的制备方法还需进一步深入研究；其次，一些碳纳米管制备方法的生长机理研究不够深入。随着更多研究人员的深入研究，相信在不远的未来，碳纳米管的制备方法将越来越成熟以及多样化，其应用必将更广。

碳纳米管的制备方法、催化剂的种类与颗粒的尺寸、成长衬垫的种类、碳源的种类和浓度、气体的种类分压流量、生长温度等都会影响碳纳米管的生长。因此需要根据所需的碳纳米管的种类（单壁、多壁等）来决定碳纳米管的制备方法与制备条件。

本节重点

（1）介绍化学气相沉积制备碳纳米管的工艺过程和优缺点。
（2）介绍激光蒸发法制备碳纳米管的工艺过程和优缺点。
（3）气相法制备碳纳米管影响碳纳米管的生长的因素有哪些？

气相沉积法合成碳纳米管装置及碳纳米管生长机制

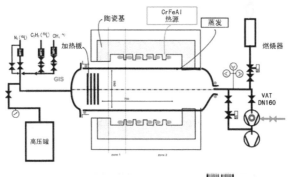

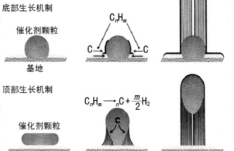

激光热蒸发法合成碳纳米管装置

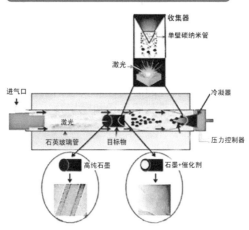

6.3 碳纳米管的性质
6.3.1 碳纳米管优异的特性

(1) 力学性能 按 sp^2 方式成键的 C—C（σ）键是目前已知的最强的化学键之一。全部由该键构成的碳纳米管具有极高的轴向强度、韧性和弹性模量。实验测量结果表明，碳纳米管的弹性模量可达 1TPa 以上，与金刚石的弹性模量接近，约为钢的 5 倍。碳纳米管的弹性应变最高可达 12%，约为钢的 60 倍，而其密度仅为钢的 1/6。由于碳纳米管具有较大的长径比、较低的密度、较高的轴向强度和刚度，被看作是理想的复合材料增强相，可使复合材料的强度、弹性、抗疲劳性及各向同性得到显著提高。

(2) 热性能 碳纳米管由于 sp^2 结构对于声子的传导作用，单壁碳纳米管的热导率可以达到 660W／（m·K），是室温下导热性能最好的材料，是金刚石的三倍以上。可以做计算机主板换热片，也可以和流体混合，形成导热油或者纳米流体。

(3) 光学性能 碳纳米管在激光辐照下会产生发光效应，具有光致发光效应；在吸收一定电能后可以发出可见光，具有电致发光特性。不同结构和表面状态的碳纳米管可以表现出不同的光学性能，并且在与稀土元素或有机物复合后，发光性能明显增强。

(4) 电学性能 电学方面，碳纳米管的能带结构和导电性随螺旋度而变化，它可以是金属性的也可以是半导体性的。碳纳米管的电子运动速度和电子迁移率很高，是优异的电子纳米器件基元材料。因此可以作为场发射材料、电磁吸收材料、导电添加剂。碳纳米管的碳原子之间是 sp^2 杂化，每个碳原子有一个未成对电子位于垂直于层片的 π 轨道上，因此碳纳米管与石墨一样具有优良的导电性能。碳纳米管的导电性能取决于石墨层片卷曲形成管状的直径和螺旋角，导电性介于导体和半导体之间。

本节重点

碳纳米管有哪些优异性能？

碳纳米管产品的形态

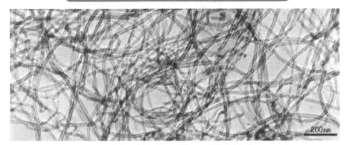

碳纳米管的性能及用途

	优势	原理	用途
力学性能	碳纳米管具有极高的强度、韧性和弹性模量	碳—碳共价键是自然界中最稳定的化学键之一，碳纳米管是迄今人类发现的最高强度的纤维之一。碳纳米管在弯曲时不会出现断裂，而仅仅是六边形的碳环结构及圆柱发生变化，因此它又具有高韧性	复合材料的增强体
电学性能	在大直径情况下，带隙为零，呈现出金属性质。	碳纳米管内流动的电子受到量子限域所致，电子通常只能在同一层石墨片中沿着碳纳米管的轴向运动	金属性碳纳米管可以作为导电剂以改善材料的导电性能
传热性能	沿其轴向的热交换非常快，速度高达40000m/s，而沿其径向的热交换几乎为0	碳纳米管具有非常大的长径比，通过合适的取向，碳纳米管可以合成出各向异性的热传导材料	在复合材料中添加少量的碳纳米管，就可大幅度改善该复合材料的热导率

6.3.2　需要解决的特异性问题
——以碳纳米管三极管为例

　　按集成电路设计规则，采用自顶向下（top-down）方式进行加工，已接近微细化极限。作为更微细的纳米结构的制作方法，人们尝试藉由自然力进行加工制作。采用自底向上（bottom-up，自组装）方式进行加工，以及藉由原子及分子自发的作用来制作纳米结构体，是近年来的热门话题。

　　例如，将碳纳米管用于像 MOS 三极管中那样的沟道，在实验室进行了大量研究开发，但是，如何将极微细的碳纳米管控制性精良地配置，目前仍未找到合适的方法。好不容易制作的碳纳米管只有整齐划一地排列，才能配置相关的电极，倘若有一根不听使唤，则前功尽弃。

　　这样，即使已存在对原子及分子进行直接操作的技术，但是，将它们一个一个地并排并非容易。尽管原理上是可能的，但要通过对原子及分子的个别操作做成纳米结构体，存在如存在环境（超高真空、极低温等）、操作时间等问题。迄今为止，仅是维持同样水平的半导体大量生产，在价格及生产效率方面均还不能满足要求。

　　而且，针对这些加工方法，有不少报道介绍了关于碳纳米管的拾取、放置、增减、切割、位置调整等，但作为工业制品的加工方法还不满足要求，有待于纳米加工技术的进一步发展。

　　采用其他的方法，都需要良好控制性的纳米构造布置技术。到目前为止，还未出现与刻蚀技术相匹敌的简单的操作技术。

本节重点

（1）要想利用"自然作出的"纳米结构，需要解决的问题很多。
（2）靠对原子的个别操作制作纳米结构体从价格等方面考虑并非现实。
（3）即使人工将碳纳米管摆好，它来回乱动，位置不固定也是枉然。

碳纳米管三极管的制作方法

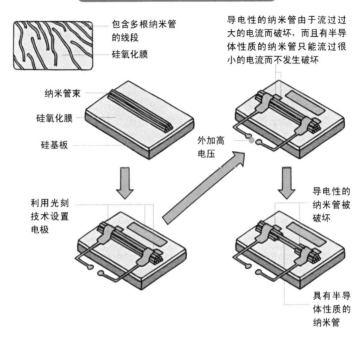

包含多根纳米管的线段

硅氧化膜

纳米管束

硅氧化膜

硅基板

利用光刻技术设置电极

外加高电压

导电性的纳米管由于流过过大的电流而破坏，而且有半导体性质的纳米管只能流过很小的电流而不发生破坏

导电性的纳米管被破坏

具有半导体性质的纳米管

在室温单原子碳纳米三极管中藉由 AFM 吸力进行加工

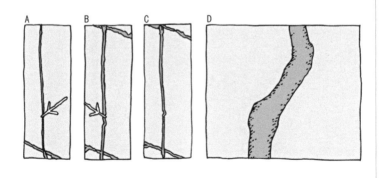

A　B　C　D

6.4 碳纳米管的应用

6.4.1 试探性应用（1）——可能的应用领域

目前碳纳米管在如下领域存在广阔的应用前景。

（1）超级电容器 碳纳米管用作电双层电容器电极材料。电双层电容器既可用作电容器也可以作为一种能量存储装置。

（2）催化剂载体 碳纳米管材料比表面积大，表面原子比率大（约占总原子数的 50%），使体系的电子结构和晶体结构明显改变，表现出特殊的电子效应和表面效应。

（3）储氢材料 纳米碳管的吸附作用主要是由于纳米粒子碳管的表面羟基作用。纳米碳管表面存在的羟基能够和某些阳离子键合，从而达到表观上对金属离子或有机物产生吸附作用。

（4）碳纳米管在复合材料中的应用 碳纳米管除具有一般纳米粒子的尺寸效应外，还具有力学强度大、柔韧性好、电导率高等独特的性质，成为聚合物复合材料理想的增强体。

但产品开发并不像想象的那样简单，事实给人们以深刻的教训。首先，碳纳米管并不像普通物质那样"听话"，由于患有"多动症"，难以形成固定的电子发射极；其次，其导电性也不像人们想象的那样好，只有加入少量的高分子材料（作为复合材料）才具有一定的导电性；这样，碳纳米管尖锐的端部便无用武之地，高图形分辨率便成为奢望，加上驱动电压高，与后来急速发展的 TFT LCD、OLED 相比更无优势可言。伴随着 PDP 退出市场，碳纳米管 FPD 更是销声匿迹。

迄今为止碳纳米管实际应用并非理想的原因何在？

碳纳米管（CNT）的性质和主要用途

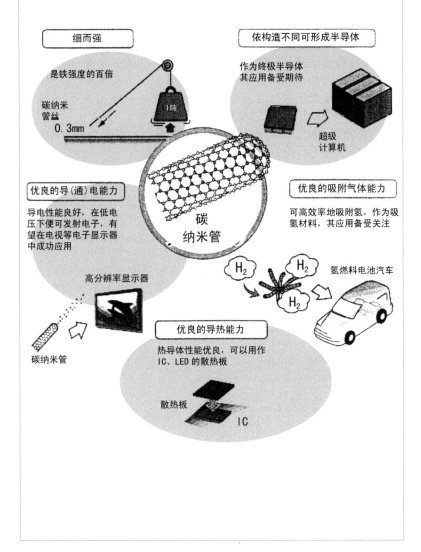

细而强

是铁强度的百倍

碳纳米管丝
0.3mm

1吨

依构造不同可形成半导体

作为终极半导体其应用备受期待

超级计算机

优良的导（通）电能力

导电性能良好，在低电压下便可发射电子，有望在电视等电子显示器中成功应用

碳纳米管

优良的吸附气体能力

可高效率地吸附氢，作为吸氢材料，其应用备受关注

碳纳米管

高分辨率显示器

碳纳米管

H₂

H₂

H₂

氢燃料电池汽车

优良的导热能力

热导体性能优良，可以用作IC、LED的散热板

散热板

IC

6.4.2 试探性应用（2）——场发射显示器（FED）

　　真空中发射电子束的针状物称为电子枪。前些年家庭中普遍采用的 CRT 电视机中，在显像管的尾部，就布置有 3 个电子枪。由该电子枪发射出的电子束轰击电视机的荧光体，就会发出与电视信号相应的红、绿、蓝光。电子枪也广泛用于电子显微镜中，由电子枪发射的电子束被用来观察微观世界。被赋予高能量的电子，之所以能洞察目不可见的微小区域，就在于它极短的波长。在半导体器件的制作中，也越来越多地采用电子束照相曝光工艺。使用电子束，可以对头发丝直径几万分之一（纳米量级）大小的形状进行摄影。

　　在物质中，容易发射电子的并不多，金刚石可算是最容易发射电子的物质；而且，容易发射电子的形状也并不多，尖锐细长的针状物可算是最容易发射电子的形状。

　　纳米技术的实力，在于能将各种各样的物质加工成非常小的形状，因此，也可以用纳米技术制作大量的微小电子枪。右下图表示在硅基板上制作的金字塔阵列。使用纳米技术，可以一次制作 100 万个以上。实际上，一旦在这些金字塔上施加电场，则会在其尖锐的顶端飞出电子。

　　实际加工中，这种金字塔可藉由利用电子束的照相刻蚀技术（电子束刻蚀）来制作。使用电子束，可以制作大量电子枪，使用制作的电子枪又可以制作电子枪，这样多次反复就可以一次又一次地大量生产纳米结构。

本节重点

（1）电子枪在 CRT 管、电子显微镜、半导体器件制程中广泛采用。

（2）利用纳米技术制作大量的微小电子枪。

（3）使用电子枪又可以制作电子枪，多次反复便可以大批量生产。

利用电子束刻蚀制作纳米金字塔阵列

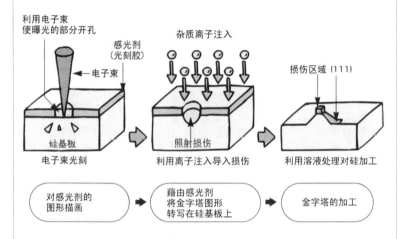

利用电子束
使曝光的部分开孔

感光剂
（光刻胶）

← 电子束

杂质离子注入

损伤区域 {111}

硅基板

照射损伤

电子束光刻

利用离子注入导入损伤

利用溶液处理对硅加工

对感光剂的
图形描画 ➡ 藉由感光剂
将金字塔图形
转写在硅基板上 ➡ 金字塔的加工

利用纳米金字塔阵列进行电子束刻蚀

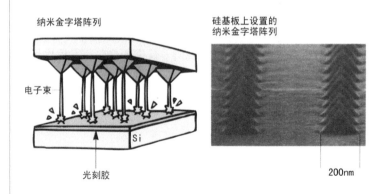

纳米金字塔阵列

硅基板上设置的
纳米金字塔阵列

电子束

Si

光刻胶

200nm

名词解释

电子束曝光：利用电子枪发射的电子束进行扫描，形成微细图形的成像技术。先涂布要被感
光的感光剂（光刻胶），经电子束照射，就像照相那样描画出图形。

杂质离子：为使半导体硅（Si）容易流过电流，注入磷（P）形成n型，注入硼（B）形成p型半导体。

6.4.3　试探性应用（3）——碳纳米管电子枪

　　物质是由原子构成的，而且原子是由原子核和核外电子构成的。电子带有负电荷和质量。若将这种电子从物质中取出，就可以对其进行自由地控制。但是，由于电子带有负电荷，与物质间有很强的相互作用，因此在很多情况下，要求优于 $10^{-4}Pa$ 的真空。称在真空中取出的，方向集中的电子流的束为电子束，称发生这种束的源为电子束源（电子枪）。

　　使物质的端部变尖，并施加高电压（$10^7V/cm$），则物质内部的电子藉由隧道效应会进入真空中。能耐这种高电压的物质仅限于具有很强原子键合的材料（钨、钼、铂以及富勒烯、碳纳米管等碳的纳米结构体）。特别是碳纳米管，由于其尖端在数纳米以下相当尖锐，而且碳原子间具有最强的化学键合，因此，有可能作为效率高且长寿命的电子发射源。与传统的电子发射源比较，由碳纳米管发射的电子作为波来说，具有更为优良的性质（相干性），因此其应用备受期待。

　　在碳纳米管的内部，相同的电子波会在物质全体中扩展。因此，从相同状态的波源会向各个方向发射电子的波。由于这种波的相位一致，会发生波的干涉。这种电子波的干涉，在电子显微镜和电子束全息照相等分析仪器中会有广泛应用。

　　从碳纳米管发出的相位一致的干涉性优异的电子波，可以使对原子排列以及电场分布、磁场分布的观测精度有飞跃性提高，期待在材料开发、生物体观测等研究的最前线发挥作用。

本节重点
　　（1）发射电子束的源即为电子束源（电子枪）。
　　（2）碳纳米管电子枪的尖端曲率小，耐高压，寿命长。
　　（3）碳纳米管电子枪发射的电子束相干性好。

电子发射

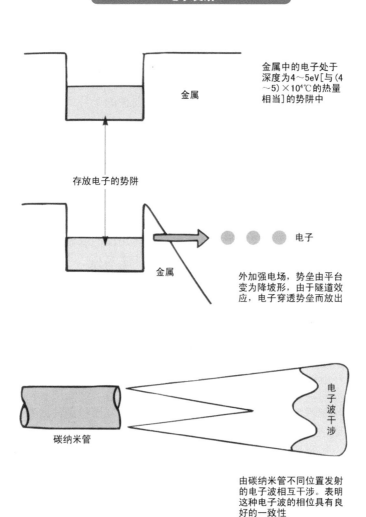

金属中的电子处于深度为4～5eV[与(4～5)×10⁴℃的热量相当]的势阱中

存放电子的势阱

金属

电子

外加强电场，势垒由平台变为降坡形，由于隧道效应，电子穿透势垒而放出

碳纳米管

电子波干涉

由碳纳米管不同位置发射的电子波相互干涉。表明这种电子波的相位具有良好的一致性

6.4.4 试探性应用（4）
——使用碳纳米管的显示器

由于电子束是电荷的束流，因此，在电场、磁场的作用下，可以被自由地减速、加速、聚焦、发散等，束的直径也可以被汇聚于 1Å（0.1nm）以下。使加速的电子与物质碰撞，会引发各种各样的现象。利用这些现象，可以制作观察纳米构造的电子显微镜以及制造纳米构造器件的半导体微细加工机械。

前些年广泛用于电视及计算机的布劳恩管中，利用微细聚焦的三个电子束，与信号相应，轰击荧光屏上的三色荧光体使其发光，并通过扫描形成画面。电子比之原子，质量小 3 个数量级以上，因此惯性小，对信号的效应特性好。因此，CRT 显示器的响应特性远优于液晶显示器。

但是，传统的 CRT 显示器需要用三个电子束扫描整个画面，不仅电子枪尺寸很大，而且受偏转角度的限制，布劳恩管很厚（达几十厘米）、很重（达几十千克）。即便如此，布劳恩管也难以实现大画面显示（以 36 英寸为限）。与之相对，由碳纳米管电子枪发射的电子束可由小型的电子光学系统加以控制，藉由数十万个这种微小发光元件的集合，便可以制成厚度仅几个毫米的显示器。这种显示器动态响应特性好，视角大，对比度高，具有液晶显示器所不具备的特征。

使用碳纳米管晶体，可以制成各种不同形态的电子束源：①在亚微米曲率半径的尖端，仅生长出一根碳纳米管的"笋"，由此可获得高辉度电子束源；②在整个平面上满满地长出像霜柱那样的碳纳米管，构成电子束源；③利用印刷技术，藉由碳纳米管浆料印刷碳纳米管，构成电子束源。其中，第③种方法可以廉价制作任意形状的电子束源，特别适合显示器等消费类电子产品的制作。可惜的是，由于液晶显示器及 OLED 显示器的飞速进展，在激烈的竞争中，碳纳米管电子束显示器始终未能走向市场。

本节重点

（1）相对于 TFT LCD 液晶显示器，CRT 显示器相应特性好。

（2）采用碳纳米管电子枪可以制作厚度几毫米的平板电视。

（3）由于碳纳米管难以定位，这种平板电视并未达到实用化。

传统的布劳恩管

电子透镜

电子枪

荧光屏

数十厘米

利用三个大的光学
系统（三枪分别对应
红色、绿色、蓝色）
使电子束在荧光屏
表面扫描形成画面

曾打算开发的显示器

碳纳米管电子枪

电子透镜

荧光物质

放大

数毫米

将数十万个采用纳米管的
微小电子光学系统集合在
一起，由其形成画面

6.5　石墨烯的结构和制作方法
6.5.1　何谓石墨烯

2004 年，英国曼彻斯特大学物理学家安德烈·盖姆和康斯坦丁·诺沃肖洛夫，成功从石墨中分离出石墨烯，证实它可以单独存在。为此获得 2010 年诺贝尔物理学奖。

石墨烯是由碳六元环组成的二维周期蜂窝状点阵结构，如图所示，它可以翘曲成零维的富勒烯，卷成一维的碳纳米管或者堆垛成三维的石墨。因此，石墨烯可以看成是构成其他石墨材料的基本单元。

石墨烯具有许多独特的性质，例如：①石墨烯是已知的世上最薄、最坚硬的纳米材料，它几乎是完全透明的，只吸收 2.3% 的光；②热导率高达 5300W/(m·K)，高于碳纳米管和金刚石；③常温下其电子迁移率超过 15000cm^2/(V·s)，比纳米碳管和硅晶体高得多，而电阻率只约 10^{-6}Ω·cm，比铜或银更低，为世上电阻率最小的材料。

石墨烯的这些性质源于其完美的二维晶体结构，它的晶格是由六个碳原子围成的六边形，厚度为一个原子层。碳原子之间由 σ 键连接，结合方式为 sp^2 杂化，这些 σ 键赋予了石墨烯极其优异的力学性质和结构刚性，石墨烯的硬度比最好的钢铁强 100 倍，甚至还要超过钻石；在石墨烯中，每个碳原子都有一个未成键的 p 电子，这些 p 电子可以在晶体中自由移动，且运动速度高达光速的 1/300，赋予了石墨烯良好的导电性；石墨烯的单层结构赋予其良好的透明性，在可见光区，四层石墨烯的透过率与传统的 ITO 薄膜相当，在其他波段，四层石墨烯的透过率远远高于 ITO 薄膜。

本节重点
(1) 简述石墨烯的发现过程及其重大意义。
(2) 石墨烯有哪些独特的性能？
(3) 石墨烯的独特性能源于其完美的二维晶体结构。

石墨烯的结构示意图

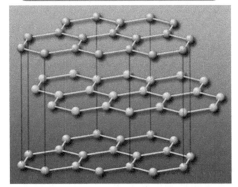

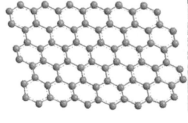

6.5.2 石墨烯的制作方法——"自上而下"的方式

迄今为止，人们已为制备均匀的石墨烯薄膜付出了许多努力，形成了各种各样的制备技术，包括机械剥离法，溶液法和外延生长法。机械剥离法制备的石墨烯质量最好，适用于基础研究，外延生长法制备的石墨烯最易实现电路的构建，在石墨烯纳米复合材料以及大尺寸薄膜的生产方面，溶液法相较于其他现有方法而言，可以用较低的成本得到较高的产量。

机械剥离法 机械剥离法是利用物体与石墨烯之间的摩擦和相对运动，得到石墨烯薄层材料的方法。这种方法操作简单，得到的石墨烯通常保持着完整的晶体结构。2004年英国两位科学使用透明胶带对天然石墨进行层层剥离取得石墨烯的方法，也归为机械剥离法，这种方法一度被认为生产效率低，无法工业化量产。

氧化还原法 氧化还原法是通过使用硫酸、硝酸等化学试剂及高锰酸钾、双氧水等氧化剂将天然石墨氧化，增大石墨层之间的间距，在石墨层与层之间插入氧化物，制得氧化石墨（graphite oxide）。然后将反应物进行水洗，并对洗净后的固体进行低温干燥，制得氧化石墨粉体。通过物理剥离、高温膨胀等方法对氧化石墨粉体进行剥离，制得氧化石墨烯。最后通过化学法将氧化石墨烯还原，得到石墨烯（RGO）。这种方法操作简单，产量高，但是产品质量较低。氧化还原法使用硫酸、硝酸等强酸，存在较大的危险性，又须使用大量的水进行清洗，导致较大的环境污染。

使用氧化还原法制备的石墨烯，含有较丰富的含氧官能团，易于改性。但由于在对氧化石墨烯进行还原时，较难控制还原后石墨烯的氧含量，同时氧化石墨烯在阳光照射、运输时车厢内高温等外界条件影响下会不断还原，因此氧化还原法生产的石墨烯逐批产品的品质往往不一致，难以控制品质。

本节重点

(1) 何谓石墨烯的"自上而下"和"自下而上"制作方法？
(2) 简述制作石墨烯的机械剥离法。
(3) 简述制作石墨烯的氧化还原法。

石墨烯的两种生长方式"自上而下（左）"和"自下而上（右）"

bottom-up   top-down

石墨

氧化石墨（GO）

氧化 →

机械方式的
分层剥离

原始石墨烯

分层剥离

分层剥离的GO

还原

高品质的小
批量产品

自下而上(bottom-up)方式

高度还原的
氧化石墨烯（HRG）

"自上而下"(top-down)方式（大容量合成法）

CVD，电弧放电，
SiC上外延生长等

低品质的
大容量合成法

自下而上(bottom-up)方式

6.5.3　石墨烯的制作方法
——"自下而上"的方式

　　溶剂剥离法　通过 Hummer 法制备氧化石墨；将氧化石墨放入水中超声分散，形成均匀分散、质量浓度为 0.25 ～ 1g/L 的氧化石墨烯溶液，再向所述的氧化石墨烯溶液中滴加质量浓度为 28% 的氨水；将还原剂溶于水中，形成质量浓度为 0.25 ～ 2g/L 的水溶液；将配制的氧化石墨烯溶液和还原剂水溶液混合均匀，将所得混合溶液置于油浴条件下搅拌，反应完毕后，将混合物过滤洗涤、烘干后得到石墨烯。

　　石墨烯"自下而上"的制备方式有以下几种。

　　（1）化学气相沉积法　藉由高温使碳的前驱体（如甲烷、乙烯、乙醇等）裂解，使碳原子沉积在金属基底形成石墨烯。常用的金属基底为铜和镍，高温下分别发生催化沉积和渗碳析出的过程。CVD 法可以大面积连续制备石墨烯，且层数可调，质量可控，对石墨烯在微电子、光电子及存储等领域的应用具有重要意义。

　　（2）碳化硅外延生长法　在超高真空环境（<1.33×10⁻⁸Pa）下，高温（>1000℃）加热单晶碳化硅基片，分解去除硅原子，使留下的碳原子通过晶格匹配生长出石墨烯。该方法制备的石墨烯质量高，且制备工艺与硅半导体工艺兼容，对石墨烯微电子器件及集成电路的发展起到巨大的推动作用。然而，该方法对制备条件要求苛刻，加工成本相对较高。

　　此外还有催化气相生长法等。

本节重点

　　（1）　简述制作石墨烯的溶液剥离法。
　　（2）　简述制作石墨烯的化学气相沉积法。
　　（3）　简述制作石墨烯的碳化硅（SiC）外延生长法。

化学氧化还原法制备石墨烯

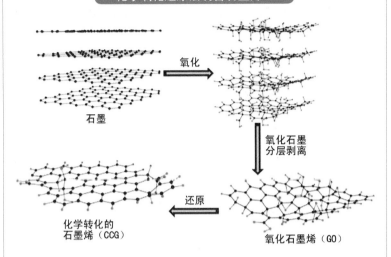

石墨　—氧化→

氧化石墨
分层剥离

还原

化学转化的
石墨烯（CCG）

氧化石墨烯（GO）

化学气相沉积法制备石墨烯

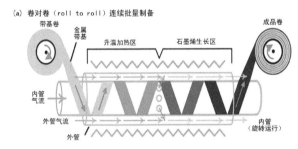

(a) 卷对卷（roll to roll）连续批量制备

带基卷　金属带基　升温加热区　石墨烯生长区　成品卷

内管气流

外管气流　外管　内管（旋转运行）

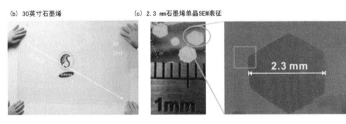

(b) 30英寸石墨烯

(c) 2.3 mm石墨烯单晶SEM表征

1mm

2.3 mm

6.6 石墨烯的应用

6.6.1 试探性应用（1）——产品的潜在用途

石墨烯纳米片是从石墨材料中剥离出来、由碳原子组成的单层原子厚度的二维晶体，6 个碳原子以 sp^2 杂化方式构成蜂窝状晶格。石墨烯展现出超高的强度，优异的热导率、透光率以及柔性轻质特性。此外，石墨烯具有巨大的比表面积和超高的电导率，其理论比表面积 > 2500$m^2 \cdot g^{-1}$，电子迁移率高达 200000$cm^2 \cdot V^{-1} \cdot s^{-1}$。凭借独特的物理、化学性能，石墨烯在微电子、传感器、复合材料、生物支架，尤其是储能元件方面展现出广阔的应用前景。

（1）石墨烯强度极高。如果物理学家们能制取出厚度相当于普通食品包装塑料袋厚度（约 100nm）的石墨烯，那么需要施加差不多 20000N 的拉力才能将其扯断。

（2）石墨烯对于所有气体、液体 "零渗透"，这使石墨烯产品有了"针插不进、水泼不进"的本事。让人感到惊奇的还远不止于此，石墨烯还具有超强吸附性，科学家正在研究用它做过滤装置，用于海水淡化、污水处理等领域。

（3）石墨烯是目前已知导电性能最出色、电子迁移率最高的材料，可应用于电脑、手机等电子设备以及二次电池等。由于发热少、导热好、散热快，使得未来的电子设备具有更优异的性能。石墨烯还有可能成为半导体硅材料的替代品，用来生产未来的超级计算机。

（4）液晶显示器、触控屏、有机光伏电池、有机发光二极管等都需要既透明又导电的电极材料，而石墨烯就具有这些性质。

（5）石墨烯的柔软性使它特别适用于可穿戴设备。它还可以在不同的外界刺激下（如温度、压力、光电、湿度、气味等）做出不同的动作，比如伸展或收缩，甚至旋转等，这使得智能可穿戴设备成为可能。

本节重点

（1）请介绍石墨烯在量子计算机中的潜在用途。
（2）请介绍石墨烯在柔性显示器中的潜在用途。
（3）请介绍石墨烯在智能可穿戴设备中的潜在用途。

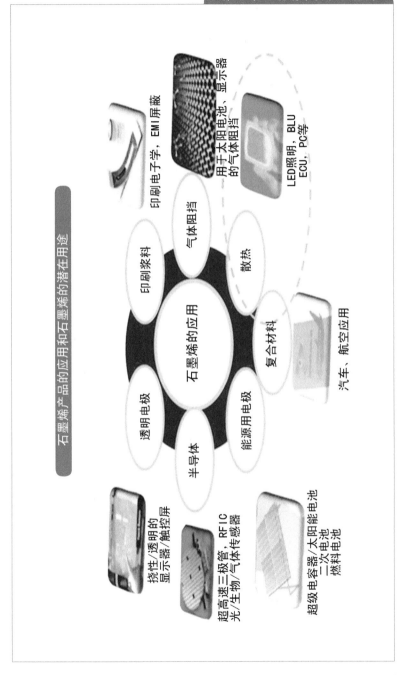

石墨烯产品的应用和石墨烯的潜在用途

石墨烯的应用

印刷浆料
气体阻挡
散热
复合材料
能源用电极
半导体
透明电极

印刷电子学，EMI屏蔽

显示器

用于太阳电池、的气体阻挡

LED照明，BLU
ECU，PC等

汽车、航空应用

超级电容器/太阳能电池
二次电池
燃料电池

超高速三极管，RFIC
光/生物/气体传感器

挠性/透明的
显示器/触控屏

6.6.2 试探性应用（2）——柔性显示

iPhone、iPad 等触控屏产品等都离不开 ITO 膜。所谓 ITO 是铟锡金属氧化物（indium tin oxide）的简称，由于主要利用的是其既透明又导电的特性，因此 ITO 膜在业界已等同透明导电膜。与 ITO 相类似的还有 AZO、GZO、FTO 等。

然而 ITO 材料昂贵，且 ITO 膜比较脆弱，缺乏柔韧性，无法做出挠性面板，加上烦琐的真空沉积工艺，导致其在加工制备和性价比方面不尽如人意。

目前替代 ITO 膜的可能方案主要有以下四种。

（1）金属网格。利用银、铜等金属材料或氧化物，在 PET 等塑料薄膜上所形成的金属网格图案。其表面阻值很低，具备电磁遮蔽功能而且可降低讯号干扰。然而其所制得的触控感测器图形线宽稍粗（特别是线宽超过 $5\mu m$ 以上）致使莫瑞干涉波纹非常明显，限制了它的使用，目前仅适用于观测距离较远的显示屏。

（2）纳米银线。纳米银线的直径小，在 250nm 以下，在可见光范围下的透光性高，同时，银具有高导电性和稳定性，可运用在触控感测导电图形结构的制程中，作为 ITO 透明导电膜的替代方案。纳米银线可实现几乎无色的状态。该技术目前已经成熟，是市场看好的 ITO 替代品之一。

（3）碳纳米管。碳纳米管的导电性质随其结构不同而有很大差异；在触控面板应用上，目前以电阻率低且透光率高的金属性单层碳纳米管为主。其制备难度较高，制程稳定度不足成了限制其推广的最主要原因。

（4）石墨烯。超群的透明、导电、导热性，特别是其本身的柔性等特性（参照 6.5.1 节和 6.6.1 节）为石墨烯在柔性显示中的应用展示出良好前景。

本节重点

（1）何谓 ITO 膜，其既透明又导电的原因何在？

（2）替代 ITO 膜的可能方案有哪几种？

（3）介绍石墨烯用于柔性显示的最新进展。

二维的石墨烯可以卷成零维的富勒烯、一维的碳纳米管（单、双、多层），也可以叠成三维的石墨

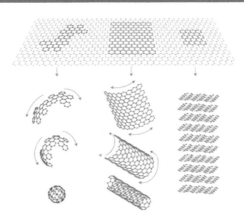

石墨烯在挠性二次电池中的应用

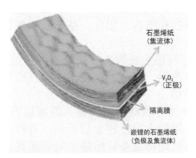

利用石墨烯制作的手机轻薄如纸，可自由弯曲

6.6.3 试探性应用（3）——石墨烯超级电容器和锂电池

目前市场中已研发的超级电容硬度较高，且有一定厚度，并不适于一些具有柔软性的智能穿戴设备。某研究团队将具有厚度小、强度高、柔韧性和导电性好为一体的石墨烯作为原材料，制作成的微型超级电容具有良好的弹性和延展性，且比原本刚性电池更灵活、更不易腐烂。

碳材料用做超级电容器的电极材料的优势：①化学惰性，不发生电极反应，以易于形成稳定的双电层；②可控的孔结构，较高的比表面积，以增大电容量；③纯度高，导电性好，以减少漏电流；④易于处理，在复合材料中与其他材料的相容性好；⑤价格相对较便宜

石墨烯是完全离散的单层石墨材料，其整个表面可形成双电层，尽管在形成宏观聚集体的过程中，石墨烯片层之间相互杂乱叠加，会使得形成有效双电层的面积减少，但其仍可以获得100230F/g的比电容，如果其表面积完全释放，就可获得远高于多孔碳的比电容，因此，基于石墨烯的超级电容器具有良好的功率特性。

通过催化气相生长调变石墨烯的拓扑结构，可获得具有突起结构的石墨烯，已成功制备出一种具有自分散、不堆叠特性的柱撑石墨烯。

石墨烯作为片状材料易堆叠，限制其界面的高效利用，从而使其在应用时宏观性能大打折扣。有柱撑结构的石墨烯克服了石墨烯与其他物质杂化所带来的石墨烯本体性能及界面改变等复杂问题，提供了一种具有本征自分散特性、不堆叠的新型石墨烯。这种石墨烯的比表面积高达 $1628m^2/g$，具有大量孔径在 $2 \sim 7nm$ 的介孔，孔体积高达 $2.0cm^3/g$，在锂硫电池中体现了优异的性能。

本节重点

（1）碳材料用作超级电容器的电极材料有哪些优势？
（2）石墨烯用作超级电容器的电极材料有哪些优势？
（3）石墨烯用作超级电容器和锂电池需要解决哪些问题？

超级电容器工作原理

电容放电   电容充电

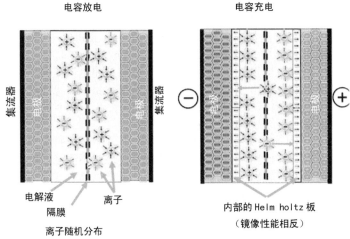

集流器   电极   电极   集流器

⊖   ⊕

电解液   离子

隔膜

离子随机分布

内部的 Helm holtz 板

（镜像性能相反）

电容工作原理

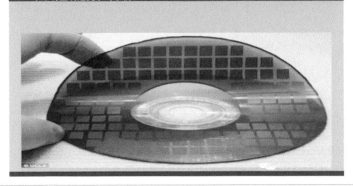

美国研制超级电池：几秒钟内完成手机充电

- 美国科学家最新研制一种超级电池，它们被称为微型石墨烯超级电容，其充电和放电速度比普通电池快 1000 倍。

- 这种超级电池是采用单原子厚度的碳层构成，能够很容易制造并整合成为器件，未来有望制造更小的手机。

6.6.4 试探性应用（4）——石墨烯量子点光源

量子点由有限数目的原子构成，三个维度尺寸均在纳米量级，属于零维纳米材料，由 IIB ~ VIA 族或 IIIA ~ VA 族化合物组成，通常是稳定直径在 2 ~ 20 nm 的纳米粒子。如图（下）所示，当用蓝光照射激发量子点时，藉由改变量子点的尺寸和它的化学组成可以使其发射光谱覆盖整个可见光区。以CdTe 量子为例，当它的粒径从 2.5nm 生长到 4.0nm 时，它们的发射波长可以从 510nm 红移到 660nm。

量子点光源具有下述优点。①量子点具有宽的激发谱和窄的发射谱。使用同一短波长光源就可实现对不同粒径的量子点进行激发，发出不同波长的单色光，量子点具有窄而对称的荧光发射峰，且无拖尾，多色量子点同时使用时不容易出现光谱交叠。②量子点具有很好的光稳定性。量子点不同于有机染料的另一光学性质就是其有很宽的斯托克斯位移，这样可以避免发射光谱与激发光谱的重叠，有利于荧光光谱信号的检测。③量子点的生物相容性好，经过各种化学修饰之后，可以进行特异性连接，其细胞毒性低，对生物体危害小，可进行生物活体标记和检测。④量子点的荧光寿命长，相对于有机荧光染料的荧光寿命一般仅为几纳秒（这与很多生物样本的自发荧光衰减的时间相当），量子点的荧光寿命可持续数十纳秒（20 ~ 50ns）。

由于量子点光源色彩控制更精确、发热大大减少、持久丰富、颜色的稳定性，因此量子点光源具有良好的发展前景。

本节重点

量子点光源有何优点？

替代 ITO 的各种材料的透射率和电导率的对比

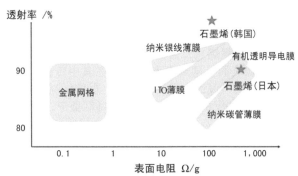

蓝光 LED 激发不同尺寸的量子点可以发出不同波长（颜色）的光

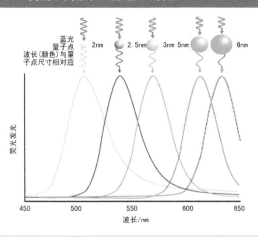

6.6.5　试探性应用（5）——石墨烯 3D 打印

三维石墨烯材料同时具备多孔结构和石墨烯优异的固有特性，如果将石墨烯从二维变到三维，不仅为电荷储存提供额外离子可接触表面，同时有利于离子在其中传输。3D 打印技术具有打印结构可设计，易实现快速、规模化制造的优点。故可将 3D 打印技术应用到三维石墨材料烯制备中。

以热塑性材料／石墨烯混合物作为打印材料的熔融沉积成型 3D 打印技术可被视为石墨烯 3D 打印技术的雏形。随后，有研究者采用直接喷墨打印技术，以氧化石墨烯（GO）／聚合物或氧化石墨烯为墨水，通过逐层堆叠方式制备出多种结构三维石墨烯。直接喷墨打印技术是最常用的石墨烯 3D 打印技术。

在 3D 打印低浓度氧化石墨烯方面，目前已成功实现无黏结剂宏观尺度石墨烯 3D 打印，如右下图所示。与其他通过熔化或者室温下喷射的石墨烯 3D 打印方法不同，该方法通过纯氧化石墨烯溶液多管嘴喷墨和冷冻铸造技术来实现快速石墨烯 3D 打印。溶液中纯水结冰后起到支承结构作用。随后，将三维石墨烯放入液氮中，冷冻干燥以去除水分。最后，经热还原得到 3D 打印超轻三维石墨烯材料。石墨烯墨水浓度范围为 $0.5 \sim 10 \mathrm{mg} \cdot \mathrm{mL}^{-1}$。

而在 3D 打印高浓度石墨烯材料时，打印过程中氧化石墨烯墨水从喷嘴挤出，堆叠出三维结构，如图所示。打印出的宏观体被密封在玻璃瓶中，并在 85℃ 环境下加热，以使其凝胶化。石墨烯中的二氧化硅可通过氢氟酸刻蚀法去除。随后，在 1050℃ 高温下采用超临界二氧化碳干燥法干燥三维石墨烯宏观体。

本节重点

（1）石墨烯 3D 打印的目的何在？
（2）氧化石墨烯如何实现 3D 打印？
（3）高浓度石墨烯如何实现 3D 打印？

3D 打印与冷冻铸造法制备三维石墨烯示意图

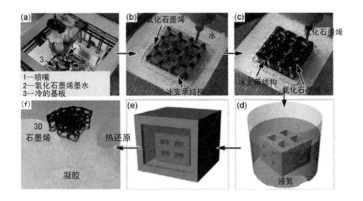

(a)3D 打印装置；(b)3D 打印冰支承；(c)3D 打印氧化石墨烯；(d)3D 打印石墨烯冰结构液氮处理；(e)冷冻干燥；(f)热还原成超轻 3D 气凝胶；

高浓度氧化石墨烯 3D 打印示意图

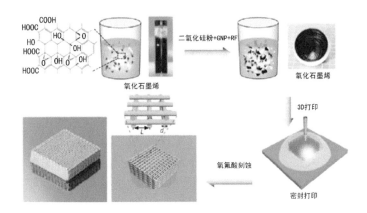

书角茶桌

碳纳米管天梯

　　碳纳米管，又名巴基管，是一种具有特殊结构（径向尺寸为纳米量级，轴向尺寸为微米量级，管子两端基本上都封口）的一维纳米材料。碳纳米管主要由呈六边形排列的碳原子构成数层到数十层的同轴圆管。作为一维纳米材料，它重量轻，六边形结构连接完美，具有许多异常的力学、电学和化学性能。近些年随着碳纳米管及纳米材料研究的深入其广阔的应用前景也不断地展现出来。

　　作为一维平面材料，碳纳米管表现出了极好的延展性，有着良好的力学性能，CNTs 抗拉强度达到 $50 \sim 200GPa$，是钢的 100 倍，至少比常规石墨纤维高一个数量级；它的弹性模量可达 1TPa，与金刚石的弹性模量相当，约为钢的 5 倍。对于具有理想结构的单层壁的碳纳米管，其抗拉强度约 800GPa。碳纳米管的结构虽然与高分子材料的结构相似，但其结构却比高分子材料稳定得多。碳纳米管是目前可制备出的具有最高比强度的材料。若将以其他工程材料为基体与碳纳米管制成复合材料，可使复合材料表现出良好的强度、弹性、抗疲劳性及各向同性，给复合材料的性能带来极大的改善。而在强大的延展性和强度之下，这种材料也具有极佳的柔韧性，可以进行拉伸，碳纳米管的长径比一般在 1000：1 以上，是理想的高强度纤维材料。

　　《科学美国人》杂志曾提出一种诱人的梦想：利用碳纳米管制作一根太空天梯，可以使人类沿着天梯直接从地球通往太空。实现"太空电梯"梦想的前提是批量制备出具有宏观长度并且具有理论力学性能的碳纳米管，其单根长度需要达到米级甚至公里级以上。

　　通过"太空天梯"，人们可以实现从地球到空间站的直接互联，而且据估算，"太空天梯"的成本为 70 亿~100 亿美元，与人类其他大型太空工程相比，费用并不算太大。更重要的是，太空升降舱上天不需要携带大量燃料，预计所耗能量不过为宇宙飞船发射的 1%。因此这项技术一直被人们所看重。

但是，碳纳米管在实际应用中会遇到下列问题：①若在很高的温度下使用，必须用还原气氛氢气加以保护，致使附加设备和过程变得很复杂，费工、耗时，而且价格很高；②碳纳米管的强度尽管很高，但对缺陷极为敏感，由短长度碳纳米管获得的性能不能外推到长长度的，二者的强度差异远大于预期；③碳纳米管纤维由碳的本性决定其颜色是黑色的，难于染色（不能获得五颜六色）是碳纳米管用于日常织物的障碍之一；④只能用作工业用纤维，目前不能用做服装，这是由于黑色粉末会残留在皮肤上，并且没有柔软的衣服感；⑤机洗时可能会损坏洗衣机等。

碳纳米管与聚合物一起做成复合材料是碳纳米管普及应用的途径之一。但是，碳纳米管若能获得本质上的应用，必须解决下述问题。

（1）碳纳米管的取向问题 碳纳米管在聚合物中的取向应符合材料受力的要求。研究表明，通过一定的加工，例如机械共混剪切可以改善碳纳米管在聚合物中的取向，从而进一步改善复合材料的性能。将多壁碳纳米管溶解于一种热塑性聚合物溶液中，蒸发干燥制备出碳纳米管呈无序分散状态的薄膜，然后在其软化温度之上加热并用恒定负荷进行机械拉伸，使其在负荷下冷却至室温，发现通过机械拉伸复合物可以实现碳纳米管在复合物中的定向排列。

（2）碳纳米管在基体中的分散问题 碳纳米管的长径比大，表面能高，容易发生团聚，使它在聚合物中难以均匀分散。如何让碳纳米管在聚合物基体中实现均匀分散是当前需要解决的首要难题。经表面改性的碳纳米管可均匀分散在聚合物基体中，可以利用化学试剂或高能量放电、紫外线照射等方法处理碳纳米管，引入某些特定的官能团。首先采用体积比为 3：1 的浓硫酸和浓硝酸对单壁碳纳米管进行氧化处理，得到了端部含羧基的碳纳米管，提高其在多种溶剂中的分散性。将碳纳米管用等离子射线处理后引入了多糖链。还可运用机械应力（如粉碎、摩擦、超声等）激活碳纳米管表面进行改性。

（3）复合材料成型问题　当前碳纳米管／聚合物复合材料的成型一般采取模压、溶液浇铸等手段，模压操作简单、易于工业化，但在降温过程中，样品由于内外温差较大会发生表面开裂等问题；溶液浇铸形成的样品不受外界应力等因素的影响，但除去溶剂过程较长，碳纳米管易发生团聚。此外，聚合物进行增强改性所用的填料由原来微米级的玻璃纤维、有机纤维等发展到如今的碳纳米管，填料尺寸上的变化使复合材料原有的加工技术和表征手段都面临着新的挑战，需要在今后大力发展原子水平的新型加工技术和表征手段，以适应碳纳米管聚合物复合材料发展的需要。

第 **7** 章

纳米材料的应用

书角茶桌

以纳米技术为基础的量子计算机

7.1 在微电子及 IC 芯片制作中的应用
7.1.1 利用纳米技术改变半导体的特性

完全不含杂质的半导体是绝缘体，这种"理想半导体"百无一用。实际上，半导体中都要掺杂种类各异的杂质原子（这不同于培育单晶时无意混入的元素杂质）以改善半导体的性能。例如，相对于 1000 万个硅原子，只要掺入一个磷原子，其导电率就提高到 10 万倍。这样，就可以通过有意识地添加杂质，在大范围内改变电导率，自由地控制其性质。从这种意义上讲，半导体是便于使用的物质。

而且，向半导体中添加杂质的方法分扩散法和离子注入法两大类，前者采用杂质浓度高的扩散源，后者是将离子化的杂质注入到半导体中。在今天的 LSI 电路的制造过程中，为保证杂质浓度在宽范围内的可控制性，且能调整注入的深度，广泛采用离子注入法。但是，随着元件尺寸越来越小，三极管中所含的杂质原子数量变得极少。例如，对于 1000 万个硅原子，只添加一个磷原子的场合，1 立方微米中只含有几个杂质原子。这样，一个杂质原子是否存在，对三极管的特性就会产生极大的影响。因此，对杂质原子个数和位置的控制就显得越来越重要。实现这种控制的有效技术就是"单离子注入法"，这是名副其实的纳米技术。

本节重点

（1）对半导体进行杂质掺杂可以使其电导率提高十万倍。
（2）对杂质原子的个数及位置进行控制越来越重要。
（3）"单离子注入法"是名副其实的纳米技术。

何谓半导体

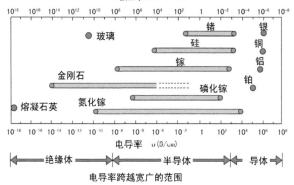

电导率跨越宽广的范围

藉由杂质掺杂使半导体性质发生变化

电子———　　　Si 原子

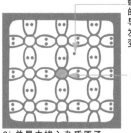

纯 Si 单晶体

这一在结合键中多余出的电子使半导体的性质发生很大的变化

P 原子

Si 单晶中掺入杂质原子后的情况

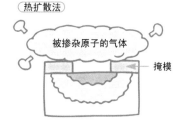

被掺杂原子的气体

掩模

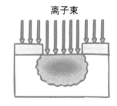

离子束

目前，掺杂原子在半导体中是随机注入的。不久的将来，掺杂原子的数量及位置都会在严格控制下注入

7.1.2　MOS FET 器件进一步微细化

　　为了提高计算机中央处理器（CPU）的性能，三极管的微细化及设计基准（特征线宽）等关键词大家并不陌生，但是，所谓三极管的微细化到底是何种含义呢？现在以 CPU 中作为开关元件而使用的 MOS FET 为例加以说明。

　　右图（上）示意性地表示 MOS FET 的断面结构。在栅极（金属）与半导体（硅）之间夹有一层氧化物（二氧化硅）。当栅电压为 0 时，硅中几乎不存在自由运动的电子，因此，即使漏极上施加电压，也几乎不能得到漏电流，因此 MOS FET 处于 OFF 状态。但是，当栅极上施加电压时，二氧化硅作为介电体，以电容器的形式会使硅内产生自由运动的电子。此时由于漏极电压的作用，电子会被吸引向电极，由于得到漏电流，MOS FET 处于几近短路状态。

　　据此，可以说"MOS FET 是在栅极控制下通过从接地源极向漏极输送电子而传输信息的器件。"也就是说，开关速度是由电子能如何快地到达漏极所决定的。

　　设电子到达漏极所用的时间为 T，电子的迁移速度为 v，到达漏极的距离（栅长）为 L，则所需要的时间 T 有如图（下）所表示的关系：$T \propto L/v$。为了减小 T，通过微细化缩短 L 十分重要。而且，藉由每个元件的微细化，在相同面积上可以布置更多的元件，便于器件的轻薄短小化。

　　为实现 CPU 的等的高速化，针对栅长微细化的研究一直在进行中，目前 7nm 产品已投入生产。CPU 的时钟频率达 1THz，集成度继续按摩尔定律快速增长。

本节重点

　　（1）开关速度是由电子能如何快地达到漏极所决定的。
　　（2）栅长越短（意味着微细化），电子越快地到达漏极。

MOS FET 的工作原理

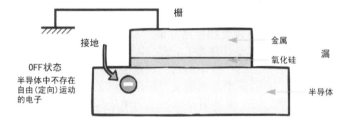

OFF状态
半导体中不存在
自由(定向)运动
的电子

接地

栅

金属
氧化硅
漏
半导体

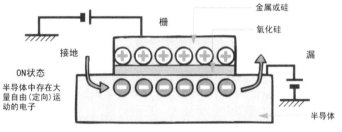

ON状态
半导体中存在大
量自由(定向)运
动的电子

接地

栅

金属或硅
氧化硅
漏
半导体

栅长的微细化

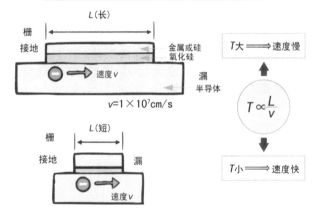

L(长)

栅
接地

金属或硅
氧化硅

速度v

漏
半导体

$v=1\times10^7\text{cm/s}$

L(短)

栅
接地

漏

速度v

T大 $\Longrightarrow$ 速度慢

$T\propto\dfrac{L}{v}$

T小 $\Longrightarrow$ 速度快

7.1.3　纳米技术引入集成电路制程

半导体器件是在半导体晶圆上经过各种各样的微细加工制成的。若做大的分类，如图（上）所示，包括清洗、成膜、光刻、离子注入、刻蚀、热处理等。

为了提高运算速度和存储容量，人们追求微细化的结果，目前的特征线宽（设计基准）已达 10nm 以下。但是，随着尺寸的不断缩小，上述一连串的工艺过程会暴露出力所不能及的破绽。为此，必须探索能大量生产纳米结构的新加工技术。右图（下）所示的粒子束照射及湿法工艺便是其中之一。

所谓**湿法工艺**，是指将晶圆浸渍于反应性溶液中实施加工的工艺过程，在传统的工艺中，都离不开清洗工艺。与之相对，所谓**干法工艺**是指在等离子体中进行刻蚀等工艺。

另一方面，粒子束照射迄今为止已在离子注入中采用。通过在半导体晶体内添加少量杂质离子以控制其电导特性。

新的工艺过程如图（下）所示，先通过电子及离子注入在半导体的晶体内导入小的损伤，再以此照射损伤为核心实施电化学处理。所谓电化学处理，是通过电气力对溶液中存在的正负离子实施控制，进而引起化学反应的技术。其与电池是将化学反应的能量变换为电能相比，正好是逆过程。

在半导体晶圆与溶液间施加电压，会引起晶圆表面与溶液间发生化学反应，既可以使晶圆表面的一部分溶解于溶液中，也可以实施电镀。

对于没有进行任何处理的晶圆来说，表面则会发生相同的反应，而通过此前的促进反应和阻碍反应的预处理，就可以进行所希望的纳米尺度的加工。

本节重点

（1）藉由电子及离子注入在晶体内导入辐照损伤，以此为核心实施电化学处理。

（2）藉由对晶圆的前处理，使纳米结构加工成为可能。

半导体器件的加工工艺（传统方法）

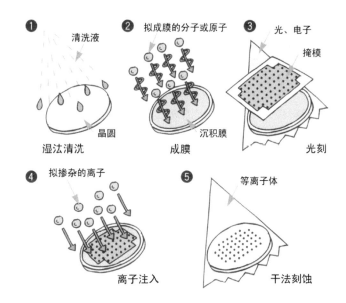

❶ 清洗液

湿法清洗

晶圆

❷ 拟成膜的分子或原子

成膜

沉积膜

❸ 光、电子

掩模

光刻

❹ 拟掺杂的离子

离子注入

❺ 等离子体

干法刻蚀

利用粒子束照射和电化学湿法处理制作纳米结构的过程

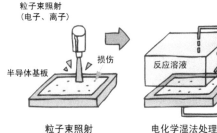

粒子束照射
（电子、离子）

半导体基板

损伤

反应溶液

纳米结构
"1" 或 "0"

粒子束照射
通过高能离子的碰撞，在
半导体晶格内导入损伤

电化学湿法处理
在溶液和基板间施加电压
引起化学反应

纳米结构排列的制作
在损伤部位进行凸凹加工
凸……电镀部位
凹……溶解部位

名词解释

湿法过程（处理）：将晶圆浸渍于液体中进行处理的方法总称。
干法过程（处理）：将晶圆暴露于真空或等离子体中进行处理的方法总称。

7.1.4 光刻胶的光化学反应

光刻胶是一类通过光照射而发生光化学反应后，利用曝光部分与非曝光部分在显影液中溶解性之差，而形成微细电路图形的感光材料。

光刻胶的工作原理与照相底片相似，但前者是以液体状态在晶圆上薄薄而均匀涂覆，干燥后形成薄膜状态而使用。显影后被溶解，留下图案部分，在对基体加工时作为掩模而使用。

光刻胶是由作为基础的高分子和感光剂组成的，对其性能要求主要有：①高感度（对光源敏感）；②高解像度（可加工的最小尺寸，不发生因显影液引起的膨胀，高对比度）；③对干法刻蚀的耐性（对基体进行加工时，作为保护用掩模具有良好耐性）。

而且，对光刻胶还需要进行材料设计，以便与所使用的光源相匹配。现在使用的主力光源是氟化氪（KrF）准分子激光（波长248nm，对应的布线宽度为180～130nm），与传统光源相比，存在晶圆表面的曝光强度较低等问题。因此其基础高分子采用对激光的透射性高的聚乙烯苯酚，为了促进藉由曝光从感光剂发生的酸反应，进一步采用了催化剂，实现了高感度和高对比度。

这种类型的光刻胶还分为如图（下）所示的"**正型光刻胶**"和"**负型光刻胶**"两种。前者通过曝光使保护基础高分子的部分脱除（脱保护），并使结合纷纷瓦解（解聚合），从而变成可溶性的；后者在光照下通过分子逐步的结合（架桥、聚合），从而变成不溶性的。

随着曝光波长进一步缩短，目前广泛采用氟化氩（ArF）准分子激光（波长193nm，对应的布线宽度为130～100nm），由于其不能透过聚乙烯苯酚，需要采用新的丙烯基树脂。

目前采用 EUV 光源的加工精度已达到 50nm 以下，要求采用光刻胶。

本节重点	（1）光刻胶是为了掩模图形转写而采用的感光材料。 （2）为了与所用光源特性相匹配需要对光刻胶进行材料设计。 （3）有正型光刻胶和负型光刻胶之分。

化学增幅系光刻胶

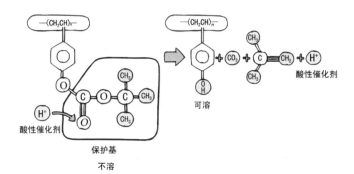

正型光刻胶和负型光刻胶

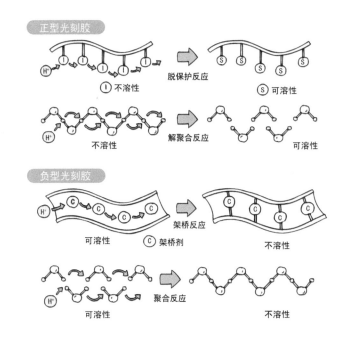

7.1.5 藉由 STM 探针预激活进行自组织化

受自然界自发构成的纳米结构的魅力所启发，人类要想制作所希望的构造体，就需要在有目的的控制之下实现物质的自组织化。即使好不容易构成自发纳米结构，如果不能在所希望的位置，按所希望的结构（如 MOS FET 结构）来构成，也是没有意义的。

留意自然界引起某种反应的场所，决定其程度等，设定预激活后，通过使其一起反应，便可实现所希望的纳米结构体排列。如果用专业术语表达，在非平衡状态下预置的相，以某种预激活抛砖引玉，即可以使其向能量更低的有序相发生转变。

尽管光刻技术也是按一个一个的工序依次进行，但是每个反应也还是由原子或分子完成的，同种技术并非不能分类，但利用原来原子或分子的协同现象考虑，是通过自组织化形成纳米构造体的主流。

之所以如此，是由于各个原子相互间具有强相互关系，发现复杂相互关系的实验结果很多，从形式上与传统的考虑方法相比，对于控制这些相互关系的尺寸及控制性来说，纳米尺度的加工是有利的。

即使是刻蚀，其实并非全体同样地被消除，而是根据是否实施预激活而决定是否进行消除，如果在此基础上做进一步的发展，则可以通过自组织化形成结构体。对于由碳纳米管自组装的情况，采用何种预激活、何种气氛，被认为是解决碳纳米管自然排列的关键。

（1）通过自组装化实现纳米结构。
（2）预激活有利于非平衡状态纳米相向有序相转变。
（3）采用何种预激活、何种气氛，是实现碳纳米管自然排列的关键。

藉由 STM 探针预激活制作电子器件

利用连锁聚合反应实现纳米布线的自组织化

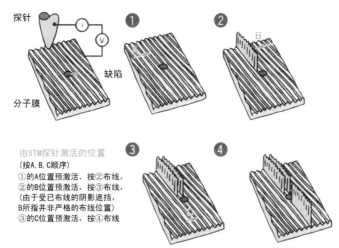

探针

缺陷

分子膜

由STM探针激活的位置
(按A, B, C顺序)
①的A位置预激活，按②布线，
②的B位置预激活，按③布线，
(由于受已布线的阴影遮挡，
B所指并非严格的布线位置)
③的C位置预激活，按④布线

参照理化研究所HP《利用分子链的纳米线布线》

藉由 Si 中间层表面的应变实现预激活

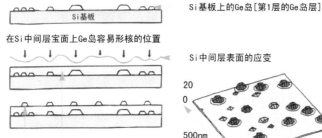

尺寸和密度受控制的Ge岛的生长

Si基板

在Si中间层宝面上Ge岛容易形核的位置

Si中间层

Si中间层表面的Ge岛
[第2层的Ge岛层]

Si基板上的Ge岛[第1层的Ge岛层]

Si中间层表面的应变

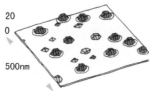

20
0
500nm

7.1.6 在晶圆表面制作纳米结构

上一节对新的纳米结构制作技术进行了说明。这种新技术是藉由粒子照射和晶圆处理来大量生产纳米构造的技术。首先，让我们看一看由这种新技术制作的几个试样实例。

图（1）表示在硅基板上制作的纳米刻蚀坑实例。首先，针对硅基板经氧化在表面形成的极薄氧化膜，通过电子束照射导入损伤。接着，利用氢氟酸溶液对氧化膜层开出小窗口。最后，利用烃溶液通过电化学方法进行刻蚀，形成如图所示的刻蚀坑阵列。该刻蚀坑的一边长度 8nm，坑与坑的间隔 20nm。对于硅单晶来说，硅原子间以 0.25nm 的间距结合在一起，因此，这种刻蚀坑的一边大概有 30 个原子，而且每个刻蚀坑中可放入的硅原子仅为 2000 个左右。

图（2）所示并非凹形刻蚀坑，而是凸形的金字塔阵列。是在硅基板上形成金字塔而制成的。这种金字塔也完全是由新工艺制作的。首先，在硅基板表面经由杂质离子注入导入损伤。接着，利用烃溶液对硅基板表面进行电化学刻蚀（溶解）。这样做的结果，以损伤区域作为顶点可以形成金字塔。由于金字塔顶点被注入了杂质原子，故可以藉由注入杂质的种类和量自由地对金字塔顶点的电导进行控制。

最后，图（3）和图（4）表示，不仅是金字塔，各种各样的纳米结构都可以由这种技术来制作。藉由电子及离子照射，由于导入损伤的部分可以是各种各样的形状，据此，一次便可大量制作各种各样形状的纳米结构。

本节重点
（1）纳米刻蚀坑的一边长度为 8nm，坑与坑的间隔约 20nm。
（2）以杂质离子注入损伤区域作为顶点可以形成纳米金字塔。
（3）一次便可大量制作各种各样形状的纳米结构。

利用新技术制作的纳米结构

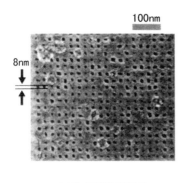

(a)纳米刻蚀坑阵列

损伤领域

(b)纳米金字塔阵列

(c)埋入型金字塔阵列

(d)网格阵列

7.1.7 单个离子注入法

为了控制半导体中杂质原子的个数和位置，已经发明了能使杂质原子一个一个注入的单个离子注入法。这是能对单个原子进行控制的极端高超的技术。

单个离子注入法的原理如图所示。首先，由离子源发射离子束，通过在偏转电极上施加电压，由对物板的左侧进行遮挡。接着，瞬间使偏转电极上施加电压发生反转。这样，离子束便移动至对物板的右侧。这种操作称为偏转调制。此时，由于离子束横切小孔，因此仅有极少的离子透过小孔。透过的离子数，取决于离子束电流、偏转调制速度、孔的大小等因素。通过对这些进行合理调整，就可以使离子束发出的离子一个一个的取出。是不是以单个离子的方式注入，可通过离子向试样入射时检测从试样发射出的电子来确认。

下图的照片是针对可对一个离子进行高灵敏度检测的材料，利用原子力显微镜观察得到的照片，发现利用单个离子注入法确实能使单个离子以一定间隔形成阵列。单个离子注入的位置可以看到出现一个小穴。称此为纳米掺杂阵列（NDA）。

NDA技术可以对注入杂质原子的个数及位置进行完全控制，这种最初的基本元件结构的实现，为高性能半导体元件及量子计算机的制造提供了可能性。而且，由于掺杂原子在半导体中形成局域静电势，对带电荷的DNA具有吸引作用，因此人们也在探讨其在分子识别中的应用。

顺便指出，关于单个离子注入法，不仅有越来越多的研究报告发表，而且还有专利发布，表明这是切实可行的技术。

本节重点
（1）单个离子注入法是以单个原子掺入半导体的极端高超技术。
（2）单个离子注入位置对应的小穴形成纳米掺杂阵列（NDA）。
（3）NDA对高性能半导体器件及量子计算机的实现提供了可能性。

单离子注入技术

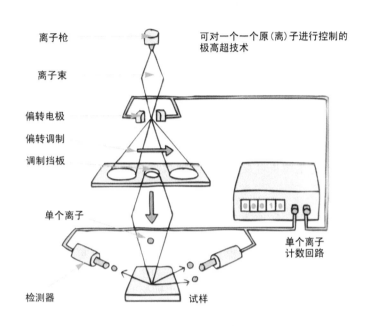

离子枪

离子束

偏转电极

偏转调制

调制挡板

单个离子

检测器

试样

可对一个一个原（离）子进行控制的极高超技术

单个离子计数回路

纳米掺杂阵列（NDA）

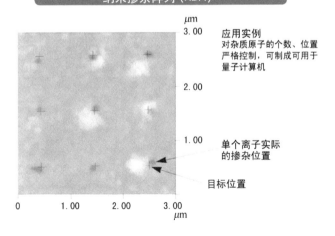

应用实例
对杂质原子的个数、位置严格控制，可制成可用于量子计算机

单个离子实际的掺杂位置

目标位置

7.2 纳米生物自组装和纳米医疗
7.2.1 自然界是纳米技术的宝库

地球上存在各种各样的生物，除了人类之外，还有动物、植物以及目不可见的微生物等，这些种类繁多的生物体彼此之间密切相关，维持丰富多彩的生命活动。各种生命受惠于环境的同时，偶尔也受害于环境，患病就是表现之一。啤酒、红酒、白酒，奶酪等酿造发酵食品，盘尼西林等抗生素物质更是在微生物环境中生产出的产物。作为最近话题的基因制药以及生物医疗技术、环境净化系统以及地球环境保护等，也需要巧妙利用这样的生命舞台场景，以维持和增进人体健康，实现社会可持续发展。

实际上，即使极为复杂的生物体也是由简单的元素构成的。氢、碳、氧相结合可构成糖类和脂类，进一步加氮可构成氨基酸，加磷可构成 DNA 及 RNA 等的核酸。DNA 是具有庞大信息的化学物质，被称为生命设计图。基于刻写在 DNA 上的信息，从氨基酸合成的蛋白质，作为生命的基干物质，而且作为复杂的生化反应的载体，表演出神秘的生命舞台场景。

所有生命体能量的来源是太阳能。由太阳发出的光能向生物化学能的转换，以及分子识别，信息传输，免疫系统等一系列多样性的生命现象，都是靠这样的生物体分子高度组织化，且通过精巧的系统来支撑的。

创造出多种多样的生命体，还有创造这种生命体的绝妙系统，都可以说是在纳米尺度下生命（自然）绝妙表演的产物。学习这种自然的"巧妙技术"，有可能进一步创造出绝妙的系统和多种多样的物种。

本节重点
(1) 由 DNA 到蛋白质的合成，生物体是纳米技术的产物。
(2) DNA 被称为生命设计图，基于刻画的信息，由氨基酸合成蛋白质。

DNA 是蛋白质的生命设计图

[生物高分子的高度自组织化与生命活动的维持]

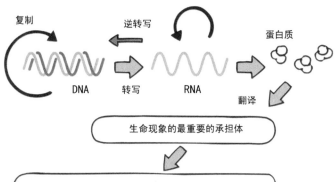

复制　　逆转写　　蛋白质

DNA　转写　RNA　翻译

生命现象的最重要的承担体

与其他生物分子间的高度组织化以及生命活动的维持
（信息传达、能量变换、生体防御、物质生产等）

DNA二重螺旋

生命现象是靠称为DNA的纳米
结构体按程序（生命设计图）
排列而体现的

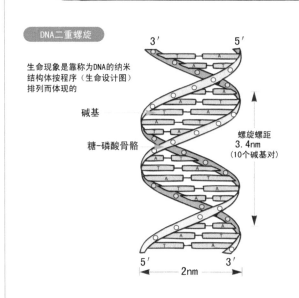

碱基

糖-磷酸骨骼

螺旋螺距
3.4nm
（10个碱基对）

2nm

7.2.2 纳米技术为生物医学产业插上腾飞的翅膀

进入 21 世纪，纳米技术在与生物相关联的领域获得飞速进展，并产生所谓**生物纳米技术**。特别是在以下几个医疗领域备受期待：①以人的遗传基因信息为根据的病症的诊断和治疗的技术；②进入体内进行检查及治疗的纳米机械；③与移植医疗相关的人造组织及人造脏器等的实现等。利用这些技术，如今所谓不治之症也有可能治疗和治愈，如图表示使用 ES 细胞进行移植医疗的可能性。

以**遗传基因诊断和治疗**为例，由于遗传基因（DNA）是构成人体的所有蛋白质的**设计图**，构成这种 DNA 的排列信息的一分子（一个碱基）的异常（变异），都会成为癌症等病症的原因。通过观察这种 DNA 分子，找出异常遗传基因，如果能对其进行修复，就有可能更直接地对病症进行诊断和治疗。

作为这种技术现在受到期待的，是利用扫描隧道显微镜（STM）对 DNA 分子进行观察和操作的技术。STM 采用非常细的探针，与想要观察的试样接近到 1nm 的程度，通过对其上流过的电流（隧道电流）进行控制，可以探测出试样表面的凹凸等。利用 STM 已有成功的实例，实现了对 DNA 进行原子尺度的直接观察。

现在，对由 DNA 碱基排列决定的分子的大小，对排列的信息等都可以进行识别。如果将来能利用 STM 探针仅对处于异常的一个碱基进行去除，并置换成正常的碱基，则有可能由 STM 进行遗传基因的分子手术。

除了医疗领域之外，农作物的栽培增产技术及功能性食品的加工等农业、食品领域也期待纳米技术的应用，新的纳米生物产业之星正在冉冉升起。

本节重点
（1）纳米技术在遗传基因诊断、治疗等医疗领域的应用。
（2）期待利用 ES 细胞的移植医疗。
（3）可望利用扫描隧道显微镜能对遗传基因进行原子水平的观察。

使用 ES 细胞进行移植医疗的可能性

由ES细胞有可能制作出各种各样的脏器
和组织，期待在移植医疗中的应用

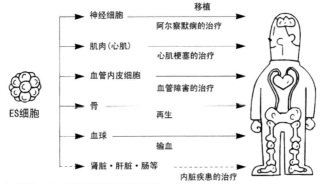

ES细胞

神经细胞 ── 移植
　　　　阿尔察默病的治疗

肌肉(心肌)
　　　　心肌梗塞的治疗

血管内皮细胞
　　　　血管障害的治疗

骨 ── 再生

血球
　　　　输血

肾脏·肝脏·肠等
　　　　内脏疾患的治疗

※ES细胞：由动物的初期胚胎分离出的细胞，
　　　　 具有分化为体内全细胞的能力

由遗传子异常（变异）引发疾病　发现异常碱基配列（遗传因子判断）
的流程及遗传子治疗　　　　　　修复为正常的碱基（遗传因子治疗）

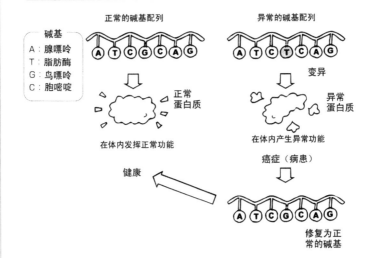

碱基
A：腺嘌呤
T：脂肪酶
G：鸟嘌呤
C：胞嘧啶

正常的碱基配列　　　　　　　异常的碱基配列

变异

正常
蛋白质　　　　　　　　　　异常
　　　　　　　　　　　　　蛋白质

在体内发挥正常功能　　　　在体内产生异常功能

癌症（病患）

健康

修复为正
常的碱基

7.2.3 生物体中发挥重要作用的分子机械

生命现象是由各种各样的生物分子的作用而体现的。作为食物，摄入人体后其营养物被分解，取出化学能，合成体内必要的构成物质的是蛋白质。

这些是直径为数纳米的分子，但仅着眼于一个分子也能发挥功能，因此称其为"**生物分子机械**"。

在我们体内，有如图所示的各种各样的生物分子机械在起作用。其中大多数是利用 ATP（腺苷三磷酸）的加水分解产生的能量做各种各样的功，但是这一能量很小，只有 10^{-19}J，因此生物分子机械具有以一定的概率动作的性质。在原理上，有别于使用热能数百倍以上的能量以使其正确动作而设计的人工机械，生物分子机械是支持我们的生命活动的机械。

假如能应用生物分子机械的结构，则可期待能量变换效率会更高，更为环境友好的机械。

生物分子机械的另一个特征是通过自集合，可以构筑超分子复合体及复杂的系统。下面以肌肉为例进行说明。

在肌肉中，大量集合有称作肌球蛋白的马达蛋白质和称作肌动蛋白的导肌蛋白质，由此构成数微米大小的所谓肌节结构。作为肌节收缩的基本单位，肌球蛋白和肌动蛋白的纤维相互滑动引起收缩。这种肌节的多数集合便组成肌肉。

制作这样的纳米尺度的分子机械，使其自集合作出超分子复合体，就是纳米技术的目标之一，不过难度是相当大的。因为生物经过数十亿年的进化过程才获得纳米技术这一现在人们看来的前沿技术。

本节重点
（1）从生命现象学习纳米前沿技术。
（2）生物分子机械仅着眼于一个分子也能发挥功能。
（3）生物分子机械通过自集合可以构筑超分子复合体及复杂的系统。

肌肉中存在不断旋转的分子马达

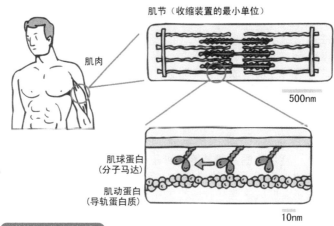

肌节（收缩装置的最小单位）

肌肉

500nm

肌球蛋白
（分子马达）

肌动蛋白
（导轨蛋白质）

10nm

其他的生物分子机械

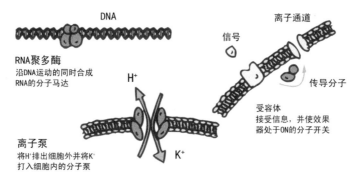

DNA

RNA聚多酶
沿DNA运动的同时合成
RNA的分子马达

H⁺

离子泵
将H⁺排出细胞外并将K⁺
打入细胞内的分子泵

K⁺

离子通道

信号

传导分子

受容体
接受信息，并使效果
器处于ON的分子开关

生物分子机械的特性

· 以一个分子而发挥的功能
· 以一定的概率而动作(利用热涨落)
· 能量变换效率高

7.2.4 在金刚石表面制作生物分子

高度光泽切割的金刚石的顶面，若按原子水平表示，则如图中所示。其表面实际上是被氢原子或氧原子覆盖的。

在被氢覆盖的表面，由于能良好通过电流，因此具有厌水性质（疏水性）。相比之下，在被氧覆盖的表面，由于不能通过电流，因此具有喜水性质（亲水性）。若能在纳米量级制作具有这种性质的表面，则可以产生纳米技术领域。

例如，利用电流流动方式的不同，有人就在金刚石表面制作出微型三极管。通过分别作出疏水区域和亲水区域，也可以用于生物分子的吸附。

通过对表面上吸附的氢原子及氧原子进行控制，可以形成甲基、醚基、酮、羧基等几种不同的结构。这是由于金刚石表面的键合并非平面的（sp^2），而是立体的（sp^3），故才有可能在表面形成这些各种各样的结构。

以此为基础，借助有机化学，便有可能将各种各样的分子附着于碳的表面。

这种方法对于可以作出形形色色分子的从下至上（bottom-up）的方法会有进一步的促进作用。已经有人使存在于 DNA 中的氨基与碳表面羧基键合，藉由肽键合，有可能将 DNA 牢固地固定于金刚石上，从而制作出新型的 DNA 芯片。

通过在微小金刚石粒子上固定 DNA，说不定会开发出新的纳米应用。表面修饰不仅对于金刚石，而且对于 C_{60}（富勒烯）也是有可能的。据此，可以将 DNA 分子附着在 C_{60} 上。其理由是，C_{60} 表面碳原子并非由平面键合，而大致是由立体键合构成的。

本节重点

(1) 以金刚石的顶面为基从下至上作出形形色色的分子。

(2) 将金刚石表面做成被氢原子或氧原子覆盖的面，使其吸附生物分子。

(3) 有可能将 DNA 牢固地固定于金刚石上，从而制作出新型的 DNA 芯片。

高度光泽切割的钻石顶面

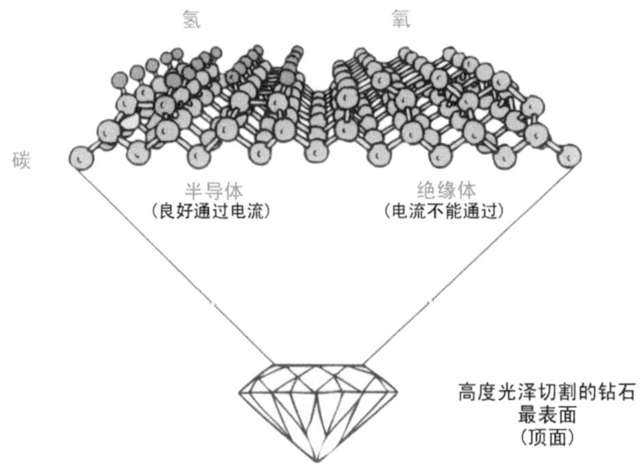

氢 氧

碳

半导体
（良好通过电流）

绝缘体
（电流不能通过）

高度光泽切割的钻石
最表面
（顶面）

富勒烯上黏附DNA分子

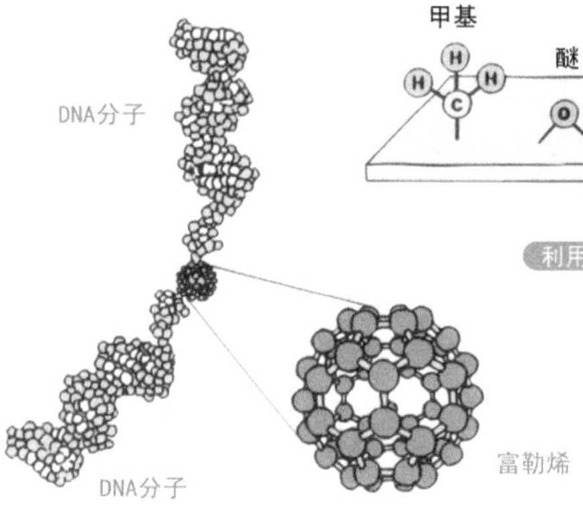

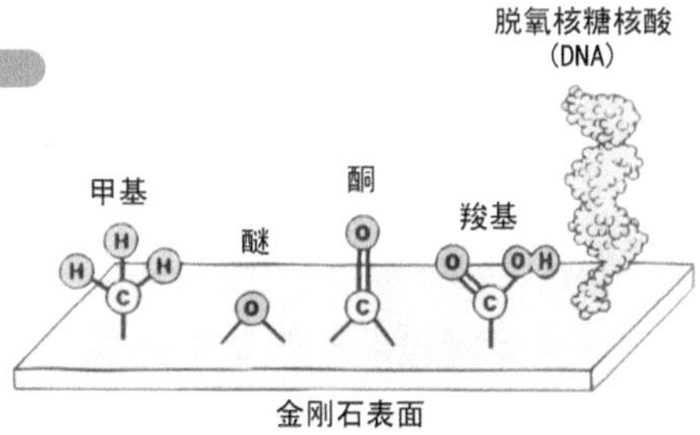

脱氧核糖核酸
（DNA）

甲基

醚

酮

羧基

H H H

O

O

O OH

C

C

C

DNA分子

金刚石表面

利用金刚石制作的DNA芯片

DNA分子

富勒烯

7.2.5 未来有可能利用生物纳米技术制作鸡蛋和雏鸡

纳米技术是能对原子和分子的排列自由操作，制作迄今不存在的物质，发现和开发新功能的科学技术。

在半导体领域，到 20 世纪末，已可以对硅基板进行 100nm 精度的加工，到 2017 年，加工精度已达到 10nm 以下。利用微细加工制作纳米结构的技术会进一步发展，以原子和分子为单位的纳米加工技术在不久的将来即可实现。

为了实现这种目的，能使一个分子发挥功能的纳米尺度大小的**"分子机械"** 的开发是重要的课题。

将来，按照计算机的程序，分子机械可以以空气和水等简单的物质作原料，通过改变它们的原子或分子排列，制作出漂亮的汽车和美味的食品等。而且，分子机械还有可能侵入癌细胞，对异常的遗传基因排列进行修复，攻破疑难顽症的治疗难关。据此，会引起产业及医疗的重大变革。

人工组装所希望的物质，这种梦想说不定可由分子机械来实现。如图所示从人工制作鸡蛋到雏鸡的诞生过程就有可能由人工组装来实现。

在受精卵中就有生物分子机械，如按照作为设计图的遗传基因 DNA 合成蛋白质的核糖微粒。未来，将有以蛋黄为原料，按照 DNA，分子机械便可制造出雏鸡。

人类未来可做出的分子机械不仅是蛋白质，所谓生物分子机械说不定在不同的组合下起作用，但通过纳米结构体的组合，构成复杂的系统的原理，与自然界的生物是相同的。

本节重点

（1）分子机械是可通过操作一个分子而发挥功能的机械。
（2）分子机械通过改变分子原子的排列来制作产品。
（3）分子机械可以侵入癌细胞对遗传基因进行修复。

人工纳米技术的应用前景

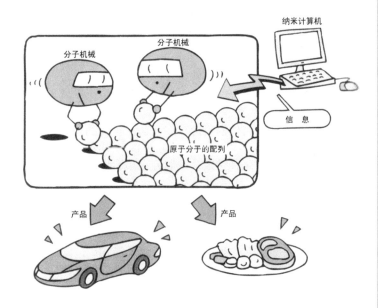

在不远的将来利用生物纳米技术也许能制作出鸡蛋和雏鸡

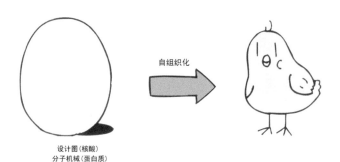

7.2.6 藉由分子集合改变结构和性质

分子通过集合可形成丰富的组织结构。此时，若按一定次序形成集合体，可期待产生单独分子所不具有的功能。

分子集合体的绝妙姿态由我们的生命体可见一斑。在生物的体内，由蛋白质、核糖核酸、脂肪分子等相互依存形成集合体，它们进一步组织化，形成细胞和器官。如此，通过分子在各种各样的层次上分阶层的集合，实现利用现在的化学技术所不能达成的所谓"生命"这一极高超的功能。

这样的分子集合体的概念，在新功能材料的开发中会起到非常重要的作用。

为了形成具有某种特定功能的分子集合体，为实现目的功能应具有所要求的次序结构，为此，分子设计极为重要。

已经知道，包围生物细胞的细胞膜具有由脂质二分子膜构成的结构，与之类似的组织体也有可能由人工的方法做出。

也就是如下图所示，通过将同时具有亲水和亲油两部分的特殊分子分散于水中，就会形成由二分子层构成的纳米尺度的小包体（泡，囊）。通过将药物封闭于这样的构造体内，并将其输送至特定的场所，便可实现靶向用药。目前已有人开发纳米技术在这种定点药物输送系统的应用。

合成人造生命体是人类长久的梦想，但是，若能模仿哪怕是生物功能的一部分也是材料化学的重大进步。而且，人工做出生物所不具有的特异功能的分子集合体也是纳米技术义不容辞的重要使命。

本节重点
（1）利用分子集合体的概念开发新材料。
（2）生命体是分子集合体的终极表现。
（3）为形成特定功能的分子集合体，化学合成和分子设计极为重要。

细胞膜的模式图

蛋白质

脂肪
二分子膜

细胞膜的
基本构造
=
主要由脂肪和
蛋白质藉由自
集合而形成

内部具有
流动性
（藉由膜的存在，
使物质的流动成
为可能）

合成二分子膜和作为纳米胶囊的应用

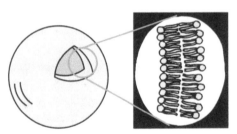

泡, 囊（核蛋白质）

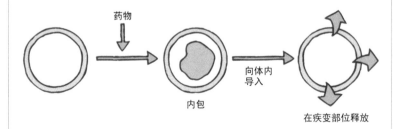

药物

内包

向体内
导入

在疾变部位释放

7.2.7 作为药物输送载体的高分子纳米胶态粒子

将药物投入身体，如果在全身分布，则对不需要治疗的部分也会起作用，人们称这种作用为副作用，对于治疗癌症的药物来说，会产生严重问题。为了解决这一问题，若采用使药物在"必要的时间，必要的位置，必要的量"，发挥作用的所谓**药物输送系统**（DDS）正在逐步推广。已开发出各种载体，但在对其设计中尺寸控制是一个重要因素。通常，人的身体可进行巧妙处理，一旦身体中出现不应出现的东西，人的肝脏和肾脏会起作用将其排出体外（异物识认机制）。但是，仅靠这种机制，难以识认从数十纳米至200nm的异物。因此，载体对于回避这一识认尺寸的异物是有效的。迄今为止，已对尺寸为数十纳米的纳米粒子进行了大量试验。

作为载体而探讨的纳米微粒之一是高分子胶态粒子。其特征是，尺寸为数十纳米，粒子内具有相分离结构（芯－壳结构）。不仅尺寸很重要，具有芯－壳结构对于药物载体来说也是极为重要的。在高分子胶态粒子中，药物保持在芯部，壳体用来控制与身体内其他物质（蛋白质等）的接触，起到保护层作用。

现在，像癌症和艾滋病这类难以治疗的疾病，通常认为是与遗传基因相关。在病毒增殖时，会复制自己的遗传基因，但在此阶段，如果由人工制作的遗传基因与病毒相结合，就可以阻止病毒的自己复制过程。目前人们正在开展这方面的研究。称这种人工制作的遗传基因为反向DNA。

本节重点
（1）使药物在"需要的时间，需要的位置，需要的量"发挥作用的药物输送系统（DDS）。
（2）药物输送系统（DDS）采用具有芯-壳结构的胶态粒子。

作为药物输送载体十分有效的纳米微粒子

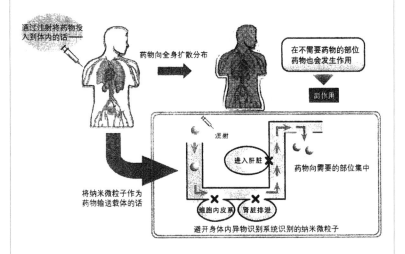

通过注射将药物投入到体内的话

药物向全身扩散分布

在不需要药物的部位药物也会发生作用

副作用

将纳米微粒子作为药物输送载体的话

注射

进入肝脏

药物向需要的部位集中

细胞内皮系　肾脏排泄

避开身体内异物识别系统识别的纳米微粒子

作为药物输送载体的高分子胶态粒子

密布着灵活的高分子链的壳部→生物适合性

与外界隔离的核部→保持药物的功能

自发的多分子集合

形成有清晰的相分离构造的高分子胶态离子

精密合成的嵌段共聚物

导入可识别目标细胞的分子的可能性→目标识别功能

7.2.8 利用高分子纳米胶态粒子实现 DDS

实际应用中，对于高分子胶态粒子通过静脉注射投入的情况，经过相当长的时期，有可能在血液中继续存在。为了进一步达到更好的治疗效果，通过精密的高分子设计，赋予药物确认目的细胞的功能（标的识认功能）。

最近，随着药物的多样化，出现了联合利用酶及 DNA 的方法。对此开发出新型的高分子胶态粒子，有将酶及 DNA 等荷电性物质保持在胶态粒子芯部的可能性。将酶保持在芯部的高分子胶态粒子，当受到外部刺激时，显示出可逆的胶态粒子形成举动。利用这种特征，具有通过外部刺激控制酶功能的可能性。在高分子胶态粒子集中于目的部位之后，给予外部刺激使酶放出，以使其发挥功能。保持酶的高分子胶态粒子，对于扩散至芯部可能性的低分子量物质，也具有芯部反应场功能的可能性。赋予这样的胶态粒子标的识认功能，可期待实现副作用小的治疗。

将 DNA 保持在芯部的场合，用其进行治疗称为遗传基因治疗。目前，遗传基因治疗，以腺病毒和还原病毒为主，但是自 1999 年 9 月美国患者死亡事故报告以来，不采用病毒媒介物系统的必要性急速升高。高分子胶态粒子的有用性也备受期待，成为非病毒媒介物之一。以 DNA 保持在芯部的高分子胶态粒子用于培养细胞的试验中，确认发现了良好的遗传基因。作为遗传基因的媒介物而利用的高分子胶态粒子作为开始介绍的治癌药剂，保持在芯部同样，具有标的识认功能及进入细胞内有效放出 DNA 的效果，即具有"环境应答功能"。

本节重点

(1) 通过可保持抗癌药物的高分子胶态粒子实现有效的 DDS。
(2) 通过精密的高分子设计，使 DDS 具有标的识认功能。
(3) 多功能型高分子胶态粒子还具有环境应答功能。

通过可保持抗癌药的高分子胶态粒子实现有效的 DDS

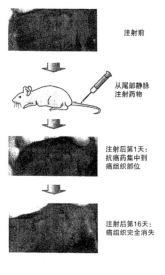

注射前

从尾部静脉注射药物

注射后第1天：抗癌药集中到癌组织部位

注射后第16天：癌组织完全消失

可在芯部保持酶和 DNA 的高分子胶态例子

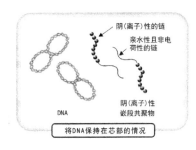

阴（离子）性的链

亲水性且非电荷性的链

DNA

阴（离子）性嵌段共聚物

将DNA保持在芯部的情况

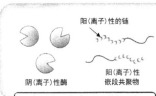

阳（离子）性的链

阴（离子）性酶

阳（离子）性嵌段共聚物

将阴（离子）性酶保持在芯部的情况

　　DNA为阳性的，因此采用阴性的嵌段共聚物，而对于阴极的酶的情况，采用阳性的嵌段共聚物，这样，就可以在高分子胶态粒子中保持酶和DNA。

　　也就是说，只要考虑芯部物质的电荷平衡，便可以将各种各样的物质保持在高分子胶态粒子的芯部。

7.3 在新材料和新能源领域的应用
7.3.1 原子和分子尺度的自组装

在纳米技术中，有将物质逐步消除而做成微细结构的所谓"从上到下"（top-down）的方式，和完全与之相反的所谓"从下到上"（bottom-up）的方式。它是通过将原子及分子、微粒子等逐步堆积而构筑纳米结构的方法，被认为是化学可以发挥重要贡献的领域。

采用传统的化学，通过使原子或分子实现化学结合（或分开），以实现各种化合物的合成（或分解）。但采用这种方法，为了合成复杂的化合物，往往费时费力费钱。

在这种背景下，利用分子与分子间存在的弱相互作用来构筑高度集合体的"**自组装化**"技术提到议事日程。从字面上看，所谓自组装化是分子及原子自发地组合在一起的现象。"从下到上"的方式就了利用这一现象，它作为以简单手段制作巨大而复杂结构体的技术而备受期待。

如图所示，在一定条件下，水中的滑石分子会形成称作胶粒的球状集合体，进一步还可以形成六边形结构相以及像液晶那样的具有高度规则性的组织体。

之所以有上述特异的举动，秘密在于这种分子的结构。也就是说，由于分子具有亲水基和疏水基构成的特殊结构（双亲媒性），因此在水中会形成疏水基位于内侧的集合体。

除此之外，还有利用各种各样的分子实现自组装的报道。得到的集合体有螺旋状及管状，多面体状等。另外，还发现金属等的球状纳米粒子在基板上规则排列的现象。今后，材料自组装领域会在宽广的范围内得到快速发展。

本节重点

(1) 利用自组装制作多孔体。
(2) 使某种有机物在纳米尺度与无机成分复合，而后去除有机物制成多孔体。

水中形成的亲水疏水双媒性分子的集合体

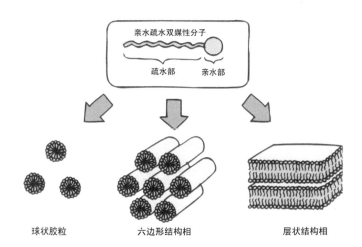

亲水疏水双媒性分子

疏水部　　　亲水部

球状胶粒　　　　　　六边形结构相　　　　　　层状结构相

利用自组装形成的各种各样的分子集合形态

多面体状

螺旋状　　　　　　管状

7.3.2 介孔多孔体纳米材料设计

建筑学家首先要画出自己所希望的设计图，然后建造各种各样的建筑物。与之相同，化学家也可以在纳米空间范围内，自由地构筑所希望的建筑。

化学家所用的材料并非木材和混凝土等，而是硅、铝等的氧化物及有机化合物。富含微细孔（细孔）的材料称为多孔体，其在吸附剂及催化剂等方面有广泛的用途。多孔体按其细孔的大小可分为毫米孔体、介孔多孔体、微米多孔体。

以某种有机物作为铸型，使硅酸盐等发生反应，藉由其相互作用，可以形成内包有机物的各种各样的结构。在做出三维结构的复合体后，除去有机物，剩余的部分便成为内含细孔的多孔体。

在牙膏及肥皂、洗涤剂等中都会放入界面活性剂(有机物)。将这种界面活性剂以纳米尺寸做成球状、筒状、层状等形状，再由这种形状为基础，与硅酸盐等无机成分形成复合体。然后去除界面活性剂，就会得到由氧化硅形成的壁及内含大量比较大孔径细孔的介孔多孔体。

介孔多孔体在今天作为热门材料而受到广泛关注。由于比较大的分子也可以构成介孔多孔体，对于各种各样的用途，可以做出尺寸正合适的细孔（2～50nm），而且细孔的大小可调节。这种介孔多孔体产品可用来精密地对分子进行区分，在孔中可以放置各种的分子等。

利用这种特征，可期待在石油精炼及医药品的合成容器、有害物质的吸附剂等方面获得应用。由介孔多孔体也可以制成纤维和薄膜，作为电子材料和光学材料等面向未来的器件也在探讨之中。介孔多孔体作为纳米技术的代表正越来越多地呈现在我们面前。

本节重点
(1) 多孔体按其细孔的大小可分为毫米孔体、介孔多孔体、微米多孔体。
(2) 界面活性剂在多孔体制作中发挥重要作用。
(3) 举出介孔多孔体应用的几个实例。

根据细孔的大小对多空体的分类

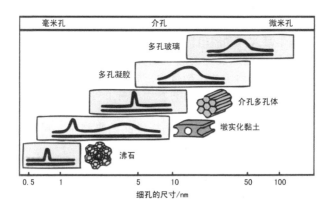

根据细孔的大小对多孔体的分类

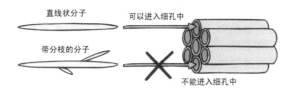

介孔体的应用涉及宽广范围

7.3.3 纳米间隙的活用

加塞现象在纳米技术领域多有采用。例如，在我们常用的锂离子电池中，就是通过锂离子在石墨（和层状氧化物）的纳米间隙中插入（和脱出）而实现充放电的。

由于采用插入反应的层状晶体具有伸缩自由的空间，藉由使其与分子及离子大小相符合，后者便可以在此间隙中自由地进出。而且，进入该空间的分子及离子可以是各种各样的，进出也相当方便。

利用这些特征可以开发选择性高的吸附剂，用于物质的分离、催化、储存等多种用途。

利用在特定 pH 下具有将吸取的离子放出的特性的层状晶体，在胃和肠等特定的场所可将吸取的药物放出，就可以减少药物用量，开发副作用小，药效高的医药品等。进一步，通过在层状晶体的间隙中导入分子后再使之聚合，可在一定程度上限制间隙尺寸，不仅可以减少副反应发生，而且还能合成聚合度集中的均一聚合物。

最近有研究发现，在含有类似离子（构造异性体）的溶液中分散层状晶体，利用离子与层状晶体间的相互作用的不同，仅将一种离子取出，以及将 DNA 等的生物分子取出等。总之，纳米间隙的重要性正逐渐被人们所认识。

本节重点
(1) 何谓纳米间隙的插入反应，它有哪些特点？
(2) 锂离子电池是如何利用层状晶体进行充放电的？
(3) 纳米间隙可用于选择性高的吸附剂、催化剂以及物质的贮藏、分离等。

插入反应

分子、离子

锂离子二次电池的工作原理

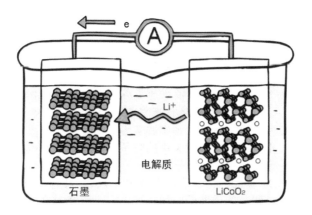

e

A

Li⁺

电解质

石墨　　　　　　LiCoO₂

利用层状晶体进行分子识别

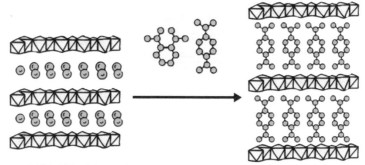

利用插入进行分子识别
利用层状晶体与离子间的相互作用差异，
可以从含有多种离子的溶液中，选择性
地取出特定的离子

7.3.4 对分子进行分离的色谱管

色层分析法 (chromatography) 是在细长的管中放置吸附剂，作为分析对象的混合物在管中流动，使其成分分离，并进行分析的技术。传统的色谱分析，是从数厘米，有时是数十米长的细长的管中充填吸附剂，当被测物在管中流动时，利用各成分所表现的微小的性能差异，对其进行分离。例如，在细长的管中注入吸附剂，分别看溶于水中的分子 A 和分子 B。如图所示，溶液在细长的管中流动。由于分子 A 容易被吸附剂吸附，随着流动的进行，则逐渐不能到达出口。相比之下，由于分子 B 容易在水中溶解，不被吸附，而更快地到达出口。这样，最初混合的溶液，随着在管中的流动，逐渐被分离，到达终点时可实现完全的分离。流经管内的速度成为分离该分子的特定手段。

由于分子间仅有些许的性质差异，只有管子做得很长才能奏效。反过来讲，管子过长则装置太大，会造成许多不便。因此，有人正在试验在手掌大小的管子中制作细管，藉由溶液流动使分子分离的管型色层分析仪。

通过在玻璃或塑料的表面制作分子尺寸的凹凸，形成如图所示的色谱管。由于凹凸的尺寸很小，一个个的分子或被阻挡，或被牵连，或顺利通过，在经过筛分的同时，在管中通过。在管子的终点，设有小的传感器，用以检出哪种分子到达。由于手掌大小的管子就可以分离各种各样的分子，因此用途极为广泛，例如室外的水质调查，家庭内的健康诊断（汗液、尿液及血流）等。现在人们正在针对什么样的分子要采用什么样的凹凸等进行研究。

本节重点
(1) 介绍色谱分离的原理，说明传统色谱分离法的缺点。
(2) 对分子进行分离的新型色谱管有哪些优点？
(3) 介绍色谱分离芯片的工作原理。

色谱分离的基本原理

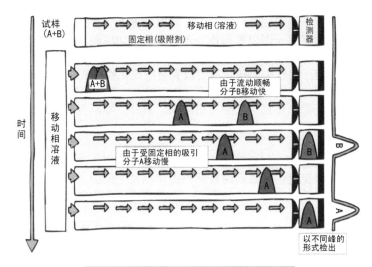

试样(A+B)

移动相(溶液)

固定相(吸附剂)

检测器

时间

移动相溶液

A+B

由于流动顺畅分子B移动快

A

B

由于受固定相的吸引分子A移动慢

A

B

A

A

B

A

以不同峰的形式检出

色谱分离芯片的工作模式

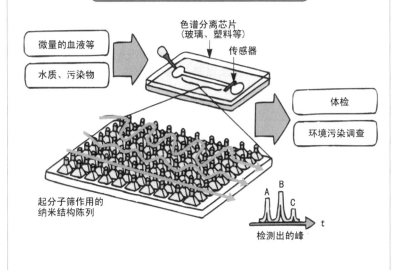

微量的血液等

水质、污染物

色谱分离芯片(玻璃、塑料等)

传感器

体检

环境污染调查

起分子筛作用的纳米结构陈列

A B C

t

检测出的峰

7.3.5　燃料电池提供清洁能源

燃料在内燃机中点火燃烧时，由于燃料燃烧产生的大量气体及发热造成的气体体积膨胀获得爆发力，正是基于这种爆发力，内燃机长期以来都作为强有力的大功率动力源而不可或缺。

但是，燃料中的硫杂质会以有害的硫化物形式排出，而且，如果燃料的燃烧温度过高，还会产生有害的氮氧化物。进一步，如果不能完全燃烧，还会排出黑烟。另外，噪声也是很大的公害。最新型的汽车都是在消除这些公害上下工夫，迄今为止，仍未完全解决。

与之相对，以燃料电池为能源的汽车展现出光明的前景。使燃料与空气中的氧藉由催化剂的作用发生反应，将该反应产生的能量并非转变成热和动能，而是直接转变成电能的便是燃料电池。

在燃料电池内部，设有从燃料产生氢离子的催化剂，仅氢离子才能高效率透过的电解质膜，还有由氢离子与氧反应产生水的催化剂等。催化剂为纳米尺寸的颗粒，表面积非常大，催化效率非常高。而且氢离子的通道，又称为离子沟道，在几纳米范围，这样的组合使燃料电池正常工作。

燃料电池由于是从化学反应中直接取出电能，因此效率非常高，而且没有噪声。另外，由于化学反应由催化剂控制，因此也不会产生硫氧化物及氮氧化物等废气。关于燃料电池的排气，若以氢作燃料是纯水，若以乙醇或乙醚等作燃料则是二氧化碳和水蒸气。因此，燃料电池是非常清洁的能源。

本节重点

燃料电池的原理是什么？

从汽油内燃机发展到燃料电池

更换发动机，采用
燃料电池汽车

7.3.6 储氢合金——利用氢能的关键

氢通过燃烧会产生热能和电能。而且，燃烧时不会产生作为公害的物质。因此，以氢为能源介质的系统，作为不引起环境污染的清洁能源系统受到广泛注目。

氢能的特征，在清洁的同时还能在广阔的范围内储存、输运。由于氢在常温、常压下是气体，其储存、输运需要利用高压氢容器或采用液氢。

但是，为了将来氢能源系统（例如氢燃料电池）的实用化，需要确立高效且安全的氢储存、输运技术。作为其手段，藉由使氢与"储氢合金"发生反应，形成金属氢化物的固体用于氢的储存、输运，已引起人们的关注。

气体状态的氢（分子态氢），其分子由两个氢原子构成，当与金属或合金的表面相接触时，两个氢原子会分开并附着（吸附）于表面。由于氢原子是自然界中最小的原子，因此可以在金属原子的晶格间隙中自由地移动，形成金属氢化物而被吸存。

对于储氢合金来说，上述反应极为迅速，可以瞬间发生。

作为吸氢的反面，通过对金属氢化物加热，氢原子会从金属原子的晶格间隙中放出，并以分子形式还原，以氢气的形式释出。储氢合金可以储存相当于本身体积 1000 倍的氢，而且，由于是作为固体氢化物而储存的，不存在爆炸的危险，安全可靠。

为了将来氢能社会的实现，要求开发更高效率的储氢合金。今后，可望通过人工导入储存氢的间隙（纳米空间）等，通过纳米技术开发高效率的储氢合金。

本节重点
（1）氢气燃烧时不产生成为公害的物质。
（2）储氢合金将氢作为固体来储存。
（3）期待利用纳米间隙的储氢材料的开发。

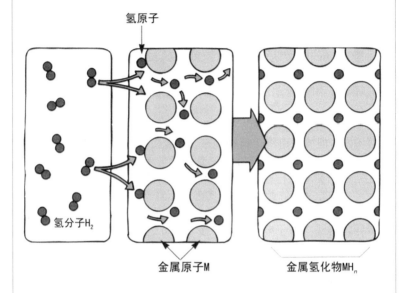

储氢合金

氢原子

氢分子H₂

金属原子M

金属氢化物MH_n

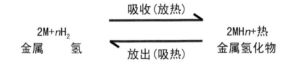

吸收（放热）

$2M+nH_2$　　　　　　　　　$2MHn+热$

金属　　氢　　　　　　　　　金属氢化物

放出（吸热）

7.4 纳米技术用于量子计算机

7.4.1 电子通道中也有"行车线"
——基于电子波动性的新现象

尽管通常将电子看成是不具有大小的点状粒子，但它并非单纯的粒子，而是具有波动性的粒子。依据量子力学，具有动量 $p=mv$（m 为质量，v 为速度）的粒子，也具有波动性，其波长与动量成反比，即 $\lambda=h/p$（h 为普朗克常数）。对于在硅等半导体中运动的电子来说，其波长在 10nm（8～10nm）左右。

对于通常应用来说，不考虑电子自身的大小不会出现什么问题。但恰似道路上行驶的车，它要占大约 10nm 宽的车道。以道路的情况为例，显然三车道道路与单车道道路相比可以保证三倍的交通通行量。电子也有类似的情况。

不过，对于普通的导线，其宽度相对于"车宽"的 10nm 来说，要大得多，因此看不出车道的效果。比如 1mm×1mm 截面的半导体导线，对于电子来说，按 $(1mm\div10nm)^2=10^{10}$ 估算，即有 100 亿条车道的道路可以利用，电子的运动显然不会受车道多少的限制。也就是说，对于在这种宏观导体中流动的电子，电导（电阻的倒数）可以按与导线的截面积成正比考虑。

但是，在纳米世界中，电子的"车宽"（即波长）是有限的，可以显著地"看到"。例如，让我们考虑具有厚度 10nm，宽度 10×w 纳米截面的半导体，它对于电子来说是具有 w 条车道。对于这种情况，电导与 w 的整数部分成正比，如图所示，当 w 变化时，电导呈阶梯状变化。注意其与宏观世界的考虑方法不同。由于电子波动性造成的电导这种阶梯状变化，已被实验所证实。这是由于元件小型化（纳米化）所导致的必然结果。

本节重点

(1) 电子因其波动性，会占据约 10 个波长宽的"车道"。

(2) 电子的"车道"在宏观领域不受限制，在纳米世界会受到限制。

(3) 电子的"车道"在纳米世界受到限制的表现为电导量子化。

-244-

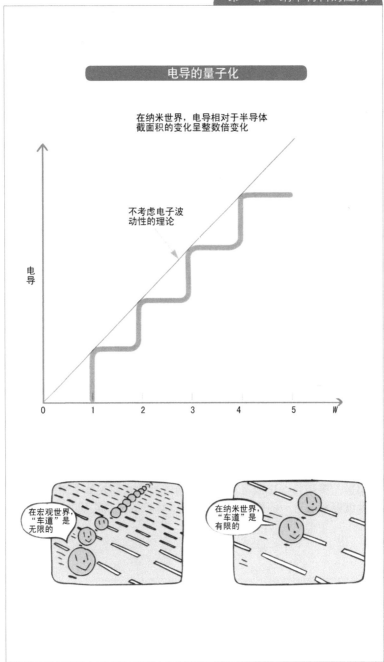

7.4.2 纳米技术在量子计算机中的应用

人们现在谈论日渐增多的"量子计算机",所利用的是支配原子层次世界的量子力学法则,它是完全不同于过去的新型计算机。这种计算机正由纳米技术一步步地实现。

我们日常使用的计算机,都是利用开关的 on 和 off 这两种状态进行 2 进制逻辑运算。与之相对,量子计算机则是利用"ON 和 OFF 的可能性,按一定的比例重合的状态"来进行运算的。与传统 2 进制的信息单位比特（bit）名称相对应,相应于重合状态所取的新的信息单位为**量子比特**（qubit；quantum bit）。针对这种量子比特以及如何使用它进行量子运算,全世界的研究者正在进行激烈的竞争。

几个量子比特运算成功的例子已有报道,但是,数百个量子比特的真正意义上的计算实例仍未见到。据 2018 年 5 月报道,加利福尼亚南部大学领导的由多家机构组成的联合团队,正负责建造和测试 100 量子比特的量子计算机。而正在使用的最大量子计算机是由谷歌公司建造的。

被大家普遍看好的想法,是在半导体基板中以一定间隔埋入杂质原子,以此在量子比特中使用。电子、质子、中子具有永磁体那样的性质（存在自旋）。根据量子力学,电子的自旋方向,与观测时相对于所加的磁场方向相同还是相反决定的,在未观测期间,两方的可能性处于重合的状态。这种量子力学的重合状态是非常敏感的,会瞬时发生变化,而若是原子核自旋,则可以保持数小时,因此前者实用化的可能性非常高。

问题是杂质原子如何以一定的间隔埋入。据早稻田大学报道,采用将杂质原子按一个个确定的位置注入单个离子的技术就能解决这一问题。看来,量子计算机的成功实现并不遥远。

本节重点

（1）量子计算机是利用"ON 和 OFF 的可能性,按一定的比例重合的状态"而进行运算的计算机。

（2）单个离子注入技术是实现量子计算机的基础之一。

传统比特与量子比特的对比

● 传统比特所取的状态

OFF状态="1"　　　或　　　ON状态="0"

● 量子比特所取的状态

ON与OFF的可能性
相重合的状态

进行观察时

OFF状态　　　ON状态

可以转移至任一种状态

半导体杂质核自旋型量子计算机

以一定间隔埋入杂质原子，该杂质原子核的自旋藉由周围的电子自旋的
相互作用，在此基础上由外部电磁波照射，使自旋状态发生变化

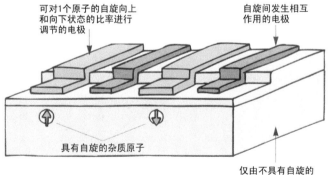

可对1个原子的自旋向上
和向下状态的比率进行
调节的电极

自旋间发生相互
作用的电极

具有自旋的杂质原子

仅由不具有自旋的
Si原子构成的基数

7.4.3　功能更强的量子计算机

在计算机中，信号藉由0和1的排列来表示。程序的运行，即加减乘除算法，均在这种排列中进行，得到最终结果也是由0和1的排列给出。

在量子计算机中，0和1是藉由量子系统，例如粒子的自旋状态来表示的。0意味着自旋向着z轴正向，1意味着向着z轴负向。运算的基本方法与经典计算机并无差异。

但是，即使是0状态，若改变方向，例如x轴方向看，就看不到。同样是0状态，以多个方向进行观察，则在x轴的正方向和负方向的场合会以完全相同的比例出现。

也就是说，z轴的0状态也有与x轴的"0"和"1"重合的状态。在经典计算机中，0和1是相互排他的事件，而在量子计算机中，取的是以任意比例重合的状态。称此为量子比特。

假设采用N个量子比特，则会有2N个状态的组合。量子计算机之所以功能强大，是其将具有2N大小的初状态，经程序变换得到的状态的观测计算结果，2N个状态同时变换，这种操作是2N个并列计算一举进行的。即使如此，也并非万能，仅以现在发表的算法为例，对于大量数据，量子计算机以令人惊异的速度进行因式分解及检索等。

作为将来的量子计算机的元件，正采用7.1.7节中所介绍的单个离子注入法，在纳米尺度上布置量子比特来实现。

量子比特的0状态（以自旋为例）

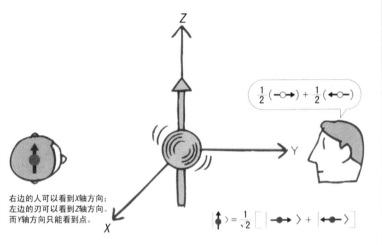

右边的人可以看到X轴方向；
左边的刃可以看到Z轴方向。
而Y轴方向只能看到点。

$$\left|\,\vcenter{\hbox{$\updownarrow$}}\,\right\rangle = \frac{1}{\sqrt{2}}\left[\;\left|\,\bullet\!\!-\!\!\blacktriangleright\,\right\rangle + \left|\,\blacktriangleleft\!\!-\!\!\bullet\,\right\rangle\right]$$

2^N 个的并列计算

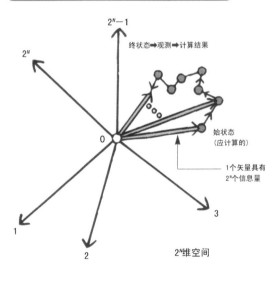

$2^N - 1$

终状态➡观测➡计算结果

2^N

始状态
（应计算的）

0

1个矢量具有
2^N个信息量

3

1

2

2^N维空间

7.4.4 量子通信确保信息安全

设发信者 (A) 向离一定距离的收信者 (B) 发送信息。此时，途中若有盗听者 (E)，则该信息会被盗听。从物理上讲，A 是将信息 (bit) 载于某种物理系统 (载体) 发送至 B 的。而 E 不需要改变物理状态，也就是说，在 A、B 无感觉的情况下，信息就会受到观测 (盗听)。针对即使被盗听，其内容的秘密也不能被理解的方案，采取了各种各样的加密通信方式，但随之而来的是必须开发相应的密码解读方法。

采用以量子状态作为载体的量子通信，情况会发生根本性变化。盗听是由 E 藉由观测载体的物理状态来实现的。与经典系统不同，采用量子系统通信，盗听者在观测时，一般情况下，量子系统已转变为完全不同的状态。因此，通过合理选择载体的量子状态，B 观测来自 A 的 bit 列，但盗听者进行盗听时，由于信息泄漏，还是会被 E 盗听到。

人们采用各种方法克服这种弱点，比方说，采用经典的密码法，将密钥换成量子键，将信息中的每个比特，取这种密钥与排他理论的和 (XOR) 将信号送至 B。所谓 XOR，是将两个数的和除以 2，取其余数。由图可知，若与密钥相同，送给 B 的信号与由 A 发送的密钥取 XOR，则原信号就成为复号。即使 E 想盗听，如果不知道密钥，则任何信息也不能得到。为了不会向 E 泄漏，为了配送这种密钥，需要使用量子状态。在 A 和 B 间大量传送的密钥配列中，只有确认途中不被盗听的才能作为绝对安全的密钥来使用。

在这种配送中，为了使量子状态重合，导入的复数比特间的联络状态 (entangled state)、铃声测定，以及以此为基的么正 (unitary) 变换等正被有效利用。

(1) 盗听是通过对载体的物理观测来进行的。

(2) 为了配送密钥需要使用量子状态。

(3) 有效利用复数比特间的联络状态。

密钥暗号法

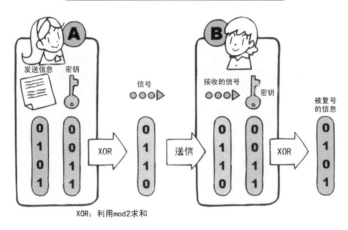

XOR：利用mod2求和

量子通信

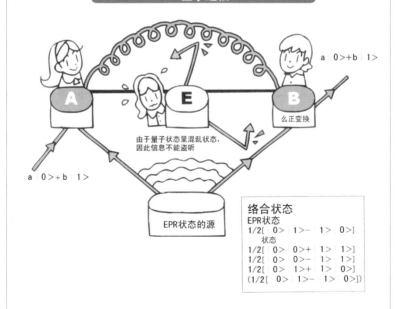

书角茶桌
以纳米技术为基础的量子计算机

量子科学利用量子物理学，能够以十分有力的新方式操控原子和亚原子粒子。例如，当今计算机的速度和能力受限于执行其功能的晶体管。这是因为，简单来说，晶体管就是通断开关，控制着电子在计算机中的流动（通常以0和1或"比特"来表示）。

但量子计算有望依靠量子物理的特点提供一种克服这种局限的办法。具体地说，量子计算机中的比特可以同时处在多个状态，能够在遥远距离外瞬间相互影响，并且能同时充当粒子和波。这些新的比特被称作量子比特，它们带来了以比传统计算机快得多的速度处理数据的潜力。

这种技术带来了巨大的希望。它可以让我们之间的沟通变得比以往任何时候都更快、更准确并且更安全，这不仅将应对未来的安全挑战，而且将为包括密码破译、网络安全和气候模型构建在内的一切带来彻底变革，并开辟医学和材料科学的新领域。

不管谁先获得这项技术，都将有能力令传统防御系统和电网陷于瘫痪，并操控全球经济。阻止这种行为的最可靠办法就是赢得这场竞赛。

中国已经将"墨子号"卫星送入轨道。利用量子通信技术，这颗卫星2017年成功从太空发送了"不可破译"的密码。

美国国家科学基金会将量子技术列为十大想法之一，并在安全通信研究方面投入了数百万美元。国家情报总监办公室下属的美国情报高级研究计划署前不久选中了加利福尼亚南部大学，让它来领导一个由多家机构组成的联合团队，负责建造和测试100量子比特的量子计算机。目前正在使用的最大量子计算机是由谷歌公司建造的。

参考文献

[1] 山本 英夫，伊ケ崎 文和，山田 昌治．粉の本．日刊工業新聞社，2004．

[2] 羽多野 重信，山崎 量平，浅井 信義．はじめての粉体技術．工業調査会，2000．

[3] 盖国胜．粉体工程．北京：清华大学出版社，2009．

[4] 郑水林．非金属矿物材料．北京：化学工业出版社，2007．

[5] 大泊 巖．ナノテクノロジーの本．日刊工業新聞社，2002．

[6] 川合 知二．ナノテクノロジーのすべて．工業調査会，2001．

[7] 川合 知二．ナノテク活用技術のすべて．工業調査会，2002．

[8] 大泊 巖．ナノテクノロジーの本．日刊工業新聞社，2002．

[9] 朱静．纳米材料和器件．北京：清华大学出版社，2003．

[10] 马小娥，王晓东，关荣峰，张海波，高爱华．材料科学与工程概论．北京：中国电力出版社，2009．

[11] 王周让，王晓辉，何西华．航空工程材料．北京：北京航空航天大学出版社，2010．

[12] 胡静．新材料．南京：东南大学出版社，2011．

[13] 齐宝森，吕宇鹏，徐淑琼．21世纪新型材料．北京：化学工业出版社，2011．

[14] 谷腰 欣司．フェライトの本．日刊工業新聞社，2011．

[15] 田民波．材料学概论．北京：清华大学出版社，2015．

[16] 田民波．创新材料学．北京：清华大学出版社，2015．

[17] 田民波．叶锋．TFT LCD面板设计与构装技术．北京：科学出版社，2010．

[18] 田民波．叶锋．TFT液晶显示原理与技术．北京：科学出版社，2010．

作者简介

田民波，男，1945年12月生，中共党员，研究生学历，清华大学材料学院教授。邮编：100084；E-mail：tmb@mail.tsinghua.edu.cn。

于1964年8月考入清华大学工程物理系。1970年毕业留校一直任教于清华大学工程物理系、材料科学与工程系、材料学院等。1981年在工程物理系获得改革开放后第一批研究生学位。其间，数十次赴日本京都大学等从事合作研究三年以上。

长期从事材料科学与工程领域的教学科研工作，曾任副系主任等。承担包括国家自然科学基金重点项目在内的科研项目多项，在国内外刊物发表论文120余篇，正式出版著作45部（其中10多部在台湾以繁体中文版出版），多部被海峡两岸选为大学本科及研究生用教材。

担任大学本科及研究生课程数十门。主持并主讲的《材料科学基础》先后被评为清华大学精品课、北京市精品课，并于2007年获得国家级精品课称号。面向国内外开设慕课两门，其中《材料学概论》迄今受众近4万，于2017年被评为第一批国家级精品慕课；《创新材料学》迄今受众近2万，被清华大学推荐申报2018年国家级精品慕课。

作者书系

1. 田民波，刘德令.薄膜科学与技术手册：上册.北京：机械工业出版社，1991.
2. 田民波，刘德令.薄膜科学与技术手册：下册.北京：机械工业出版社，1991.
3. 汪泓宏，田民波.离子束表面强化.北京：机械工业出版社，1992.

4. 潘金生，仝健民，田民波. 材料科学基础. 北京: 清华大学出版社，1998.

5. 田民波. 磁性材料. 北京: 清华大学出版社，2001.

6. 田民波. 电子显示. 北京: 清华大学出版社，2001.

7. 李恒德. 现代材料科学与工程词典. 济南: 山东科学技术出版社，2001.

8. 田民波. 电子封装工程. 北京: 清华大学出版社，2003.

9. 田民波，林金堵，祝大同. 高密度封装基板. 北京: 清华大学出版社，2003.

10. 田民波. 多孔固体——结构与性能. 刘培生，译. 北京: 清华大学出版社，2003.

11. 范群成，田民波. 材料科学基础学习辅导. 北京: 机械工业出版社，2005.

12. 田民波. 半導體電子元件構裝技術. 臺北: 臺灣五南圖書出版有限公司，2005.

13. 田民波. 薄膜技术与薄膜材料. 北京: 清华大学出版社，2006.

14. 田民波. 薄膜技術與薄膜材料. 臺北: 臺灣五南圖書出版有限公司，2007.

15. 田民波. 材料科学基础——英文教案. 北京: 清华大学出版社，2006.

16. 范群成，田民波. 材料科学基础考研试题汇编: 2002—2006. 北京: 机械工业出版社，2007.

17. 西久保 靖彦. 圖解薄型顯示器入門. 田民波，譯. 臺北: 臺灣五南圖書出版有限公司，2007.

18. 田民波. TFT 液晶顯示原理與技術. 臺北: 臺灣五南圖書出版有限公司，2008.

19. 田民波. TFT LCD 面板設計與構裝技術. 臺北: 臺灣五南圖書出版有限公司，2008.

20. 田民波. 平面顯示器之技術發展. 臺北: 臺灣五南圖書出版有限公司，2008.

21. 田民波. 集成电路（IC）制程简论. 北京: 清华大学出版社，2009.

22. 范群成，田民波. 材料科学基础考研试题汇编: 2007—2009. 北京: 机械工业出版社，2010.

23. 田民波，叶锋．TFT 液晶显示原理与技术．北京：科学出版社，2010.

24. 田民波，叶锋．TFT LCD 面板设计与构装技术．北京：科学出版社，2010.

25. 田民波，叶锋．平板显示器的技术发展．北京：科学出版社，2010.

26. 潘金生，仝健民，田民波．材料科学基础（修订版）．北京：清华大学出版社，2011.

27. 田民波，吕辉宗，温坤禮．白光 LED 照明技術．臺北：臺灣五南圖書出版有限公司，2011.

28. 田民波，李正操．薄膜技术与薄膜材料．北京：清华大学出版社，2011.

29. 田民波，朱焰焰．白光 LED 照明技术．北京：科学出版社，2011.

30. 田民波．创新材料学．北京：清华大学出版社，2015.

31. 田民波．材料學概論．臺北：臺灣五南圖書出版有限公司，2015.

32. 田民波．創新材料學．臺北：臺灣五南圖書出版有限公司，2015.

33. 周明胜，田民波，俞冀阳．核能利用与核材料．北京：清华大学出版社，2016.

34. 周明胜，田民波，戴兴建．核材料与应用．北京：清华大学出版社，2017.